KB167542

상상과 호기심의 미래 도시,
마추픽추를 걷다

안녕, 잉카

상상과 호기심의 미래 도시,
마추픽추를 걷다

CAMINO INCA

안녕,
잉카

김희곤 지음

효형출판

일러두기

• 지명과 장소를 나타내는 고유명사는 영어식 표기를 뒤편에 별첨하였다.

• 잉카의 심장, 마추픽추로의 여정이 위주가 돼 전체 분량의 절반이 마추픽추에 맞춰져 있다.

쿠스코가 퓨마의 도시라면,
마추픽추는 콘도르 신전이다.
쿠스코가 잉카인의 옴팔로스배꼽라면,
마추픽추는 안데스의 코라손심장이다.
쿠스코가 지상의 궁전이라면,
마추픽추는 절벽 위에 올라탄 하늘 궁전이다.

잉카의 미스터리

잉카의 후손은 케추아어로 《와우 쿤투르》에서 이렇게 노래했다.

> "오! 전능한 안데스의 콘도르 신이시여
>
> 안데스의 집으로 나를 데려다주소서
>
> 콘도르 콘도르 신이시여
>
> 내가 태어난 안데스 산맥으로 돌아가서
>
> 나의 잉카 형제들이 함께 사는 것이
>
> 내가 가장 원하는 것이라오.
>
> 콘도르 콘도르 신이시여
>
> 쿠스코 광장에서 나를 기다려주오
>
> 마추픽추와 와이나픽추 봉우리에서
>
> 형제들과 한가로이 거닐 수 있게."
>
> ─ 다니엘 알로미아 로블레스1871~1942 작곡

인류 문명은 탄생과 멸망의 표지로 묶인 한 권의 경전이다. 15세기 불꽃처럼 일어나 16세기 바람처럼 사라진 잉카. 그 주인공은 콘도르의 영혼을 품은 바람의 아들, 파차쿠텍이었다. 그는 6,000m가 넘는 고봉만 100여 개를 거느리고 남태평양 연안을 따라 남북으로 뻗은 안데스를 호령하였다. 신성한 강줄기를 두른 천혜의 산정에 콘도르를 닮은 바람의 신전을 지었다. 그 신전이 안데스의 배꼽에 자리한 잉카의 걸작, 마추픽추다. 하늘 아래 첫 마을 마추픽추는 단순한 공중 도시가 아니었다. 대지와 물을 통제하고, 하늘까지 통제하고 싶었던 파차쿠텍의 마지막 걸작이자 안데스의 불꽃이었다. 안데스의 영혼 콘도르가 돌의 화신으로 굳어버린 마추픽추. 살아있는 박물관이자 털끝 하나 다치지 않고 남아 있는 인류의 타임캡슐이다.

인생의 길을 잃고 방황할 때 마추픽추에 가라. 마추픽추에 오르면 인간이 만들었다고는 도저히 상상할 수 없는 돌의 신전과 마주하고, 그 위대함에 가슴이 벅차오르기 때문이다. 산봉우리 끝 절벽에 겹겹의 테라스로 쌓아올린 거대한 피라미드가 구름 아래 놓여 있다. 신비한 돌 건축물이 계단식 테라스를 따라서 하늘로 팔을 벌리고 있다. 한 시대가 다른 시대보다 결코 저열하지 않음을 이보다 더 완벽하게 보여주는 곳은 없을 것이다. 돌과 인간의 손만으로 건설했다고는 도저히 믿어지지 않는 건축공학의 승리 앞에서 망연자실하게 된다. 잉카는 비록 에스파냐 정복군 피사로에게 무릎을 꿇었지만 그들의 영혼은 오늘도 안데스 협곡 위의 마추픽추에 남아 있다.

잉카의 후손은 여전히 콘도르처럼 안데스의 영원한 주인으로 살아가기를 꿈꾸고 있다. 산과 하늘과 바람과 물을 그들만의 방식으로 섬기며 살아온 잉카인. 그들의 삶과 죽음이 마추픽추에 오롯이 남아 있다.

시간과 공간을 뛰어넘어 지구 반대편 잉카와의 만남은 누구에게나 과거로 떠나는 시간 여행이자 미래의 창문을 여는 통찰의 시간이다. 머나먼 곳에 있지만 마추픽추와 잉카 유적은 더 이상 낯선 곳이 아니다. 마추픽추는 600년의 시간이 박제된 요새가 아니라, 시간의 냉장고 속에서 잠시 잠을 자다 인류 앞으로 불쑥 나타난 미래 도시다.

하늘과 땅의 질서 아래 잉카인이 살았던 태양의 도시, 마추픽추. 어제의 숨소리가 식지 않은 돌무더기를 우리 앞에 던져 놓고 우리의 상상력으로 지난 시간의 이야기를 풀어낸다.

잉카인은 그들이 살았던 건물을 상처 하나 없이 우리 눈앞에 던져 놓았지만 이 공간에서 어떤 삶을 살았는지, 아무것도 구체적으로 알 수 없다. 보물 상자를 앞에 두고 그 열쇠를 찾지 못해 안절부절 못하게 만든다. 마추픽추는 과거를 변조할 틈도 없었다. 망각을 자책할 그 어떤 시간조차 주어지지 않았다. 마추픽추는 삶의 본질이 무엇인지 생각하게 만들고, 더 나은 세상을 만들기 위한 상상력의 원천이 무엇인지 묻는다.

잉카가 내 관심 영역으로 들어온 것은 2001년 마드리드 건축대학에서 공부할 때였다. 강의 시간에 각자 자기 나라의 역사를 소개했다. 페루 친구가 마추픽추와 잉카를, 멕시코 친구가 아스텍과 마야를 발표했는데, 아주 먼 나라의 신비한 건축 이야기였다. 그로부터 9년 뒤, 2010년 멕시코 세계건축가대회에 참석하면서 마야와 아스텍 유적을 둘러볼 기회가 있었다. 이듬해에는 한국국제협력단KOICA 전문 요원으로 페루의 리마를 방문해 잉카 유적과 박물관을 돌아보았다. 그때 잉카와 마추픽추가 살아있는 전설처럼 가슴 속을 파고들었다.

귀국길에 손에 쥐고 온 잉카와 마추픽추에 대한 몇몇 책이 점점 더 안데스 산맥으로 이끌었다. 더 나아가 대한건축사협회가 주관한 중남미문화제를 기획하면서 마야와 아스텍, 잉카 문명을 더 깊이 이해하게 됐다. 가을 단풍이 물들어가는 시월의 어느 날, 나는 마추픽추로 날아갔다.

쿠스코 일대의 잉카 유적과 마추픽추를 답사하면서 한국 여행자가 의외로 많은 것에 놀랐다. 대체로 2, 30대이지만 나이 지긋한 여행자도 많았다. 아쉽게도 대부분이 쿠스코 인근의 잉카 유적만 보거나 마추픽추를 주마간산으로 둘러보고 떠났다. 초케키라우 트레킹이나 마추픽추 정통 잉카 트레킹의 역사적인 의미와 신비를 접했다면 좋았을 텐데 말이다.

지구의 마지막 봉우리에 지은 바람의 신전. 그곳에 서서 600년 전 잉카인의 열정과 눈물과 환희가 새겨진 돌 기념비를 눈으로 두드리고 가슴으로 만져보았다. 콘도르의 영혼이 박제돼 있는 마추픽추. 상상력으로 흔들어 깨워 그 진실과 마주하는 역사의 증인이 됐다. 아둔한 건축가의 시각이 아니라, 잉카 석공의 거친 손끝으로 땀과 눈물과 피로 쌓아올린 그 시간들을 두 발로 건져 올렸다. 그들이 남겨놓은 조각조각을 경건한 마음으로 가슴에 새겼다. 자신의 모든 열정을 쏟아 붓고도 신을 경배하는 마음으로 자신의 감정마저 삼켜버린 그 숭고한 경이를 이 책에 담았다.

2020년 5월
김희곤

CAMINO INCA

초케키라우

우루밤바강

밀림 속
은둔의 신전

성스러운 계곡을
품은 곡창 지대

④

마추픽추

걸어서 잉카의
심장으로

⑤

마추픽추

잃어버린
도시 속으로

CAMINO INCA

1.

쿠스코

잉카의
지상 왕국

잉카 제국의 유적은 크게 4부분으로 구성돼 있다. 동남쪽에 제국의
심장이자 수도인 쿠스코 영역이 자리하고, 쿠스코 북쪽의 우루밤바강을
따라 곡창 지대가 펼쳐져있고, 식량 창고 서쪽에 우뚝 솟은 산정에
마추픽추2,430m가 이민족을 감시하고 있다. 그 남쪽에 자리한
초케키라우3,033m가 쿠스코의 서쪽 변방을 철통 같이 지켜주었다.

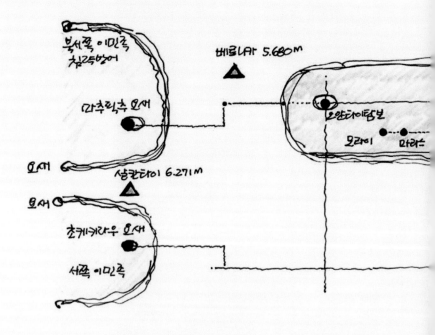

제국의 심장인 쿠스코는 왕궁과 신전을 중심에 두고 네 부족의 귀족
주거지가 둘러싼 도시 영역이 퓨마 모양으로 배치돼 있고, 곡창 지대는
강줄기를 따라 피삭, 친체로, 모라이, 오얀타이탐보로 이어져 있다.
서쪽으로 밀림이 시작되는 경계선에 마추픽추와 초케키라우가 제국을
안전하게 지켜주었다. 오늘날 여행 코스 역시 아래 그림에 맞춰 진행되고
있다.

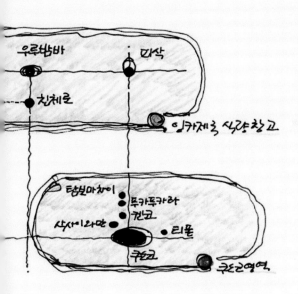

안데스를 호령한 파차쿠텍

쿠스코 공항을 빠져나와 1983년 유네스코 문화유산으로 등재된 쿠스코 역사 지구로 달렸다. 허술한 콘크리트 기둥에 벽돌로 마감한 집들이 다닥다닥 양철 지붕을 눌러쓰고서 산비탈로 기어올랐다. 경비행기가 꼬리를 흔들며 쿠스코의 하늘을 선회할 때 계곡 속에 은하수처럼 반짝거렸던 그 빛의 비밀은 바로 이 양철이었다.

저만치 타원형 로터리 중앙에 거대한 기념비가 불쑥 다가왔다. 22.4m의 원형 돌탑 위로 창을 든 잉카 전사가 쿠스코의 옛 신전을 굽어보고 있었다. 그가 안데스의 작은 부족국가를 세상의 중심으로 우뚝 세운 9대 왕 파차쿠텍1438~1471이다. 9층 높이의 구조물 꼭대기 야외 전망대 위로 높이 11m의 파차쿠텍 동상이 잉카 제국의 중심이었던 아르마스 광장을 굽어보고 서 있다.

파차쿠텍은 작은 부족을 제국으로 성장시킨 안데스의 제왕이었다. 1438년 이웃 창카족 전사들이 쿠스코 외곽을 장악하고서 부족을 포위하였다. 겁에 질린 잉카 왕은 쿠스코를 버리고 황급히 달아났다. 그 절체절명의 순간 젊은 왕자가 분연히 일어섰다. 그는 주변 부족을 설득해 연합 전선을 펼치며 창카족을 물리쳤다. 잉카족은 그 젊은 왕자를 새로운 영웅으로 추대하고서 예언자라는 뜻의 '파차쿠텍' 칭호를 달아주었다.

파차쿠텍이란 잉카 고유어인 케추아어로 '땅의 개혁가'라는 뜻이다. 파차쿠텍은 주저하지 않고 그 이름에 걸맞은 새로운 삶을 개척했다. 나약한 아버지의 권력을 빼앗아 스스로 왕이 된 후 주변 부족을 차례차례 정복하기 시작했다. 파차쿠텍이 이끄는 잉카는 금방 페루 중앙 고원 일대에서 거대한 제국으로 성장했다. 비록 문자와 종이는 없었지만 케추아어를 잉카 제국의 공식 언어로 통일하고 태양을 신으로 내세웠다. 고대 이 지역에서는 태양신이 단순히 여러 신 가운데 하나에 지나지 않았지만, 파차쿠텍은 태양신을 으뜸으로 삼고 제국의 중심 쿠스코에 태양 신전 '코리칸차'를 세웠다. 그리고 자신을 태양의 아들이라 선언했다.

파르테논 신전의 여신 형상을 황금으로 장식한 그리스인처럼 잉카인도 태양 신전 내부를 황금으로

쿠스코를 굽어보고 있는 파차쿠텍 동상.

치장하고 신상 역시 황금으로 장식했다. 결승문자실의 색깔과 매듭으로 숫자와 언어를 대신하는 문자를 사용해 제국의 정보와 경제를 통솔했다. 태평양 연안에서 안데스 고원에 이르기까지 광대한 영토를 장악한 파차쿠텍은 남미의 알렉산드로스BC 356~BC 323 대왕이었다.

에콰도르 키토에서 칠레 산티아고에 이르는 4,000km 잉카 제국을 하늘에서 굽어보았다. 안데스 줄기를 따라 간간이 불빛들이 불가사리나 해마처럼 시나브로 다가왔다 사라졌다. 현지시간 오전 6시 45분, 여객기가 페루 리마를 밀어내고 아레키파를 벗어나 칠레 안토파가스타 해안으로 날아갔다. 왼쪽 날개 아래에서 갑자기 하늘이 핏빛으로 불타고 있었다. 지평선 끝에서 타오르는 거대한 불길은 순간 잉카 제국의 전사들이 일렬횡대로 달려오는 듯했다. 기내식으로 받아든 콜라조차 검붉게 타들어갔다.

잉카의 건국 신화에 따르면 태양신 인티는 자신의 존재를 알리고 문명을 전하기 위해 아들 '망코 카팍'과 딸 '마마 오클로'를 세상에 보냈다. 둘은 쿠스코 동남쪽 지구상에서 가장 높은 티티카카 호수3,810m에서 태어났다. 망코 카팍과 마마 오클로는 새로운 왕국을 건설하기 위해 길을 떠났다. 쿠스코가 내려다보이는 와나카우 언덕에 도착했을 때 망코 카팍은 태양신에게서 받은 황금 지팡이를 하늘 높이 던졌다. 황금 지팡이가 꽂힌 곳이 오늘날 쿠스코의 중심 아르마스 광장이다.

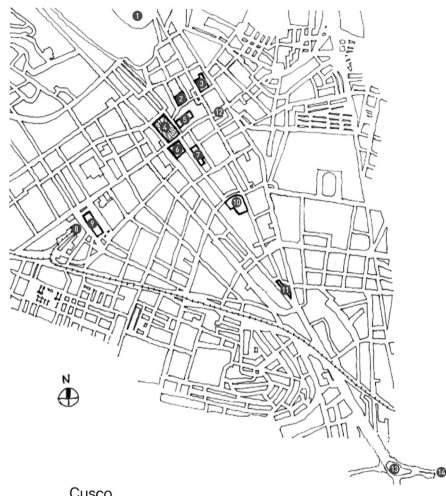

Cusco

① 삭사이와만
② 잉카 박물관
③ 프레콜롬비노 박물관
④ 아르마스 광장
⑤ 쿠스코 대성당
⑥ 라 콤파냐 데 헤수스 성당
⑦ 산타 카탈리나 수도원
　박물관
⑧ 쿠스코 역
⑨ 중앙 시장
⑩ 산토 도밍고 성당
⑪ 푸막추판 공원
⑫ 12각 돌
⑬ 파차쿠텍 기념비
⑭ 공항 가는 길

그 순간 티티카카는 세상의 자궁이 되고 쿠스코는 지구의 배꼽이 됐다. 그리스인이 지중해를 제국의 옴팔로스배꼽라고 믿었던 것처럼 잉카인은 쿠스코를 세상의 옴팔로스라고 믿었다. 그러나 쿠스코가 본격적으로 건설된 시기는 파차쿠텍이 제국을 다스리던 15세기다. 전설에 따르면 파차쿠텍은 퓨마의 형상으로 도시를 만들었다. 중심에 신전과 궁전을 짓고 네 부족의 권역에 맞춰 도시를 나누었다.

쿠스코는 와타나이강과 투유마요강 사이에 끼인 가늘고 긴 고산 분지로, 퓨마의 형상으로 이루어졌다. 쿠스코 관광 지도에는 솔 거리와 투유마요 거리를 따라 몸을 움츠린 퓨마의 모습이 아직도 그대로 남아 있다. 북서쪽의 삭사이와만 요새는 퓨마의 머리, 아르마스 광장은 심장, 와타나이강과 투유마요강이 합류하는 푸막추판은 꼬리에 해당한다. 오늘날 아르마스 광장을 포함한 위쪽은 아난고지대 쿠스코, 아래쪽은 우린저지대 쿠스코라고 일컫는다. 쿠스코의 심장인 아르마스 광장에 잉카의 궁전이 모여 있었고, 허리 부분에 태양 신전 코리칸차가 있다.

정복왕 파차쿠텍은 사람과 물자가 피처럼 흐르는 도로의 중요성을 파악하고 수도 쿠스코를 정점으로 바람개비가 돌아가듯 네 개의 부족국가북서쪽 친차이수유, 북쪽 안티수유, 남쪽 콘티수유, 동남쪽 코야수유로 나누었다. 이어서 쿠스코에서 제국의 말단까지 관통하는 도로를 건설했다. 오늘날 대부분의 국도는 잉카 제국의 도로 위에 건설됐다. 제국의 도로망이 완성되는 순간 잉카 제국은 안데스 산맥의 배꼽에서 세상의 중심으로 우뚝 솟아올랐다.

친차이수유
콘티수유
안티수유
코야수유

쿠스코 중심으로 4부족 공동체를 구성하고 있는 잉카 제국.

태양 신전의 흔적이 고스란히

파차쿠텍 동상을 뒤로하고 긴 가로공원을 따라 북쪽으로 오르면 삼거리가 나타난다. 인도를 따라 잠시 오르면 삼거리 중앙에 푸막추판 공원이 막아선다. '푼차오'라고 불리는 태양신을 상징하는 금 원반이 반짝이고 그 아래 판상의 벽면에는 분수가 뿜어져 내리고 있다. 잉카 시대 쿠스코는 오늘날 복개된 와타나이강과 투유마요강 사이에 퓨마 형상으로 앉아 있다. '푼차오'는 잉카 시대 쿠스코의 상징인 퓨마의 꼬리에 박혀있다. 여기서부터 잉카의 수도 쿠스코의 영역이라는 뜻이다.

오늘날 복개된 인도를 따라 세 블록을 오르면 길쭉한 잔디공원이 나타난다. 그 뒤로 잉카 석축이 언덕을 감싸며 나타나고 그 위에는 식민 시대 성당이 우뚝하다. 잉카의 태양 신전인 코리칸차

푸막추판 공원의 상징인 분수로 퓨마 모양의 쿠스코 꼬리에 위치한다.

유적 위에 성당이 올라타고 있는 모습이다. 쿠스코를 상징하는 퓨마의 뒷다리에 해당하는 곳에 자리하던 코리칸차의 웅장한 모습은 온데간데없고 허물어진 석축만이 빈 광장을 지키고 있다. 한때 남미 안데스의 에콰도르, 페루, 볼리비아 그리고 칠레 북부에 이르는 넓은 영토를 거느린 잉카 제국이 역사의 뒤안길로 사라진 처참한 모습이다.

잉카인은 성스러운 장소를 '와카'라고 했는데, 오늘날 코리칸차 자리와 쿠스코 대성당 자리 역시 잉카 시대의 와카였다. 잉카인은 와카에 제단을 마련해 라마, 알파카 등을 올리거나 금, 은, 돌로 작은 상을 만들어 바쳤다. 라마상과 함께 주로 바친 제물은 옥수수 가루로 만든 치차주와 코카잎이었다. 코리칸차는 케추아어로 황금을 뜻하는 '코리'와 울타리를 의미하는 '칸차'가 조합된 말로 '황금의 울타리'라는 뜻이며, 저지대 주거지의 중심이었다. 기록에 따르면 코리칸차는 초대 왕인 망코 카팍 때부터 대대로 왕이 살던 궁전이다. 잉카 제국을 창시한 망코 카팍이 건설한 신전은 '인티칸차'라고 불리는 비교적 작은 건축물이었다. 시간이 흐르면서 신전과 궁전과 새로운 주거지를 포함한 일군의 건물 전체를 태양 신전이라고 부르게 됐다.

태양 신전 본체는 약 가로 70m, 세로 60m 규모로 북서쪽으로 난 태양 광장으로 통했다. 광장 주변에는 태양 신전 외에도 각기 달, 별, 천둥, 뱀을 모시는 신전이 있었다. 광장에는 옥수수밭과 다섯 개의 분수가 있었다. 왕과 그 일족이 직접 농사를 지었으며, 여기서 수확한 옥수수는 태양신에게 공물로 바쳤다. 분수는 잉카의 왕비가 혼인 의식을 치르기 전에 몸을 씻는 장소로, 태양신이 묘사된 순금 부조가 있었다.

에스파냐 정복 군대를 따라온 역사학자와 연대기 작가의 기록에 따르면, 코리칸차의 벽은 황금으로 덮였고 광장은 황금으로 만든 나무와 식물, 동물 조각으로 꾸며져 있었다. 당시 에스파냐 보고서에는 '믿음을 초월한 화려한 건물'이라고 표현돼 있다.

잉카인은 창조의 신 '비라코차'와 더불어 태양신 '인티'를 섬겼다. 잉카의 기원이 담긴 전설에 따르면 잉카는 태양의 아들로서 그 상징인 황금을 태양의 땀으로 여겼다. 달을 상징하는 은은 잉

코리칸차 석축 위에 올라탄 산토 도밍고 성당.

카의 여동생이자 아내인 여성 귀족, 즉 왕비를 의미했다. 오늘날 태양제인 인티라이미 때 왕이 타는 가마는 황금색으로, 왕비가 타는 가마는 은색으로 치장하는 것은 이와 같은 잉카 전설에 바탕을 둔 것이다.

잉카인은 태양신과 더불어 임신과 출산을 주관하는 달의 신 '마마키야', 대지의 여신 '파차마마', 물의 신 '마마코차'를 중요한 신으로 숭배했다. 그다음으로 번개의 신, 바람의 신 등 자연현상이나 산, 바위와 같은 대상에 신성을 부여했다.

황금으로 덮여 있던 태양 신전 코리칸차는 에스파냐 정복 군대의 손에 모두 훼손됐다. 궁전과 신전의 황금을 뜯어 에스파냐로 보내고, 궁전은 파괴됐다. 정복자들은 태양 신전을 파괴한 그 자리에 바로크 양식의 성당을 지었다. 현재 태양 신전 자리에 세워진 산토 도밍고 성당과 부속 건물은 초기에 지은 건축물이 아니다. 지진으로 무너진 이후 잉카 신전의 기초 위에 다시 지은 것이다. 태양 신전의 주춧돌과 벽만이 대지진에도 무너지지 않고 원래 모습을 간직하고 있다.

여전히 당당한 금지

코리칸차 고고학박물관에는 잉카인이 건설한 태양 신전 유적 일부가 당시 모습 그대로 남아 있다. 마치 황동으로 주물을 뜬 조각처럼 조금도 퇴색하지 않고 잉카 시대에 그랬던 것처럼 당당하게 서 있다. 과거 태양신에게 의식을 올리던 방과 여러 신에게 제사를 지내던 방, 왕의 미라가 발견된 방, 천체 관측소로 추정되는 여러 개의 방이 자로 잰 듯 정교하게 쌓아올린 돌벽을 두르고 그때 그 모습으로 남아 있다.

어제 시공한 듯한 모습의 석조 구조물은 그들의 천재성을 고스란히 드러낸다. 용도에 따라 크기와 모양이 조금 다르지만 하나같이 완벽한 건축술을 자랑한다. 다른 곳의 벽보다 이곳 신전의 돌은 높은 정밀도를 보이는데, 어느 돌과 돌 사이든 바늘 하나 들어갈 틈이 없다.

희생 제물을 바쳤다고 추정되는, 퓨마 가죽을 펼쳐놓은 모양의 사각형의 평평한 돌은 잉카의 네 부족을 상징한다. 태양신에게 의식을 올리던 곳으로 보이는 이 방의 벽체는 전체적으로 사다리꼴이다. 네 개의 사다리꼴 벽감벽면을 우묵하게 해서 만든 공간으로 일반적으로 조각상이 놓여지나 장식용으로 만들어지기도 한다이 설치돼 있고 남서향 벽에는 빛이 들어오는 일련의 창이 카메라 렌즈처럼 열려 있다. 믿기 어려울 정도로 완벽한 마감이다. 마치 기계로 갈아낸 듯하다. 손과 돌과 나무만을 이용해 석회암을 블록처럼 정밀하게 다듬은 잉카인의 정성과 노력은 짐작하고도 남는다.

01

02

01 잉카의 네 부족을 상징하는 돌.
02 바늘 하나 들어갈 틈 없는 석벽.
03 코리칸차 고고학박물관.

잉카의 전형적인 돌쌓기 방식으로 쌓아올린 벽은 하나같이 안쪽으로 15도 기울어져 있다. 벽과 벽이 서로 어깨를 마주하며 튼튼하게 지지하기 위해서다. 출입구와 벽감은 모두 사다리꼴 형상으로, 지진에도 안전한 구조를 갖췄다. 동서쪽 코리칸차 신전 벽에는 정복자가 파괴하다 그만둔 흔적이 그대로 남아 있다. 돌담이 너무 치밀해서 허물 수 없었던 것이다.

회랑으로 둘러싸인 중정 한가운데는 돌을 깎아서 물을 담을 수 있도록 만든 팔각형 통이 놓여 있고, 그 주위에 화분이 장식돼 있다. 이 돌통은 잉카의 의식을 진행하는 데 사용됐을 것으로 추측된다. 이곳에서 수맥 탐지봉을 들고 돌통이 놓인 곳으로 다가서니 마치 바람이 중심에서 불어 나오듯이 탐지봉이 외부를 가리켰다. 잉카의 영혼이 여전히 배회하는걸까.

잉카 이전의 고대 문명

페루의 역사는 크게 잉카 이전과 이후로, 좀 더 구체적으로는 에스파냐 침략 이전과 이후로 나뉜다. 안데스 산맥을 중심으로 발전한 페루의 고대 문명은 기원전 10세기까지만 겨우 손에 잡힐 정도다. 페루 고대 문명에 대한 역사적인 기록들은 각기 조금씩 다르다.

최명호가 지은 『신화에서 역사로, 라틴아메리카』에 잉카 제국의 영토와 거의 비슷한 페루 고대 문명이 도식으로 나와 있다. 오늘날 쿠스코와 나스카를 포함해 북쪽으로 카하마르카까지 와리AD 110~500 문명이며, 쿠스코 남쪽 티티카카 호수를 중심으로 칠레 북부지역을 포함해 티와나쿠AD 200~1000 문명으로 나누고 있다.

와리 문명 이전의 모체AD 100~700 문명의 중심지였던 페루 북부 트루히요에 태양과 달의 피라미드 신전과 시판 왕 피라미드 유적이 남아 있다. 1987년 발굴된 시판 왕 무덤의 토기와 금세공 장식물이 전 세계의 이목을 집중시켰다. 시판 왕 무덤에서 출토된 유물 가운데 펠리노 신상붉은 조가비, 터키석과 유색석이 도금된 동으로 만든 신상은 이집트의 투탕카멘 피라미드 유물에 비견될 만큼 모체 문화의 우수함을 유감없이 보여주었다. 북부의 와리 문명을 흡수한 모체 문명과 남부의 티와나쿠 문명을 흡수한 치리바야AD 700~1360 문명이 마침내 15세기 잉카 제국으로 통합됐다.

페루의 고대 문명에서 유독 눈에 띄는 것은 미라다. 이집트의 미라는 통상 누워 있는 형상이지만, 페루의 미라는 좌상이다. 이는

잉카 박물관에 전시된 잉카 유물.

고대 페루인의 조상 숭배 의식과 죽음에 대한 사고방식을 보여주는 것으로, 잉카 제국에 이르기까지 지속됐음을 알 수 있다. 좌상 형태로 끈에 묶인 미라는 자궁 속 태아의 자세로 항아리에 담긴 채 발견됐다. 안데스인은 죽음을 자연의 자궁 속으로 귀환하는 것이라고 믿었다. 삶과 죽음을 자연의 순환으로 받아들였다.

달의 피라미드 신전에서 발굴된 장례 행렬 모형으로 볼 때 미라는 잉카 이전 안데스 문명에서 지속적으로 발전했음을 짐작할 수 있다. 그들은 삶이란 어머니의 자궁에서 태어나 대지의 어머니에게로 돌아가는 여행이라 믿었다. 티티카카 호수를 신화의 자궁으로 설정한 것은 인간이 어머니의 자궁에서 태어난 것을 형상화한 것으로 보인다.

거대 지상회화의 비밀

"떨리는 경비행기에서 조종사는 쉼 없이 소리쳤다. 300m 스파이럴 벌새, 136m 콘도르, 원숭이, 도마뱀 등을 외치지만 경비행기는 끊임없이 트위스트를 추었다. 경비행기에서 바라보는 '나스카 라인'은 광활한 사막 위에서 작고 희미한 선으로 이리저리 날아다녔다. 눈을 또렷하게 뜬다고 달라지지 않았다. 사진은 찍을 수도, 찍어도 사막 위의 희뿌연 선뿐이었다. 도대체 뭘 봤는지 모르겠다."

고대 나스카인들은 거대한 지상화를 왜, 모래사막 위에 무슨 이유로 그렸을까. 거대한 기하학적 선으로 이루어진 나스카 라인은 고대 나스카BC 100~AD 700 문명의 기적으로 불린다. 인간이 만들었다고 믿기에는 너무 크고 기이해서 한때 외계인이 지구에 남긴 비밀 기호라고 여겨지기도 했다. 어떠한 역사적인 설명도 없는 공간을 찾은 우리는 당시의 사실들을 상상 속에서 불러내어 마음대로 편집하는 재미에 금세 빠져버린다.

지금부터 약 2000년 전 건조한 사막 지대에 거대한 그림을 그린 나스카 문화의 주인공은 도대체 누구일까. 그들은 왜, 무엇 때문에 수수께끼 같은 거대 지상화를 남겼을까. 광활한 사막에 100m에서 300m에 이르는 선과 기하학적 문양과 스파이럴 벌새, 콘도르, 원숭이 등 다양한 생명체가 그림으로 남았다. 초인이 아니었을 그들이 형체도 가늠하기 힘든 그림을 그린 이유가 무엇일까.

엄청난 노동력과 시간이 투입되는 대공사였을 나스카 라인을 고대인이 특별한 이유 없이 남기지 않았을 것이다. 여행자들이 경비행기를 타고 트위스트를 추면서 사막을 내려다보는 것은 나스카인들의 초인적인 힘을 경험하고 싶어서다.

수수께끼로 남아 있던 나스카 라인에 대해 지금까지 몇몇 학

나스카 라인 벌새(위), 원숭이(아래).

자들이 자신의 의견을 나름대로 제시했지만 사실이 아닌 것으로 판명됐다. 최근 내셔널지오그래픽은 자체 개발한 무인 비행체에 고성능 카메라를 장착해 제작한 〈나스카 라인 미스터리〉를 발표하였다. 유적지가 야외 신전이라는 가설이다. 물과 풍요를 기원하는 고대 잉카인이 사막화로 물이 사라지는 것을 두려워해 거대한 나스카 라인을 그려 신께 제물을 바쳤다는 주장이다.

우물과 수로 등 사람이 살았던 흔적 덕분에 주장에 힘이 실렸다. 그러나 각각의 그림이 어떤 용도를 갖고 있었는지에 대한 해답은 여전히 베일에 싸여 있다. 나스카 라인은 마추픽추의 침묵하는 돌을 닮았다. 겉으로는 웅장함을 자랑하지만, 그 속의 어떠한 진실도 말해 주지 않는다.

검은 예수상이 여기에

코리칸차를 뒤로하고 다시 솔 거리태양의 거리를 따라 북쪽으로 오르면 건물이 성큼 막아서고 좌우로 길이 열린다. 오른쪽으로 거대한 광장이 길목 사이로 펼쳐진다. 쿠스코의 상징인 퓨마의 가슴에 해당하는 곳에 자리한 아르마스 광장이다. 아르마스는 에스파냐어로 '무기'라는 뜻인데, 중세 시대 전쟁하러 나갈 때 병사를 집합시키는 곳에서 유래했다.

쿠스코의 중심이자 축제의 장소인 아르마스 광장. 태양제 기간에는 다양한 볼거리가 펼쳐진다. 광장의
동쪽으로 쿠스코 대성당이 위치하고 있고 남쪽에는 라 콤파냐 데 헤수스 성당이 한 단 낮게 자리하고 있다.
북서쪽으로는 고급 호텔과 상점과 식당들이 둘러싸고 있다.

오늘날 아르마스 광장은 쿠스코의 중심이자 축제의 광장이다. 일주일 동안 진행되는 태양제 인티라이미와 관련된 다양한 볼거리가 펼쳐지는 곳도 이곳이다. 아르마스 광장은 동쪽으로 쿠스코 대성당이 우뚝하고 남쪽에는 라 콤파냐 데 헤수스 성당이 한 단 낮게 앉아 있다. 북서쪽으로는 고급 호텔과 상점과 식당들이 광장을 둘러싸고 있어서 마치 이베리아 반도의 어느 도시를 연상케 한다. 잉카 시대에 연못을 메워 광장으로 만들어 '전사의 땅'이란 의미로 '아우카이파타'라고 불렀다지만 정확하지 않다. 아무튼 의식을 치르던 신성한 장소다. 이곳 광장에서 잉카의 마지막 저항 세력의 지도자가 처형되면서 제국은 마침내 종말을 고했다.

이 광장을 실질적으로 지배하고 있는 건물은 동쪽 언덕 위에 우뚝한 쿠스코 대성당이다. 대부분의 에스파냐 대성당처럼 동쪽에 제단을 두고 서쪽에다 출입문을 두었다. 광장에 장사진을 치고 있는 관광객 사이로 중앙 분수대를 지나 대성당으로 향했다. 대성당 자리에는 창조의 신 '비라코차'를 섬기던 신전이 자리하고 있었다. 잉카인이 이 세상과 인간을 만들었다고 믿는, 창조의 신이 바로 비라코차다. 잉카인은 비라코차와 더불어 태양신 '인티'를 최고의 신으로 섬겼다. 비라코차를 허문 자리에 쿠스코 대성당을, 태양신 인티가 자리한 코리칸차를 허물고 산토 도밍고 성당을 세운 것이다.

바로크 양식의 쿠스코 대성당은 중남미 식민 시대 건축물 중에서 으뜸으로 꼽힌다. 전면 출입구 좌우에서 지붕까지 이어진 섬세한 장식 부조는 특별히 공을 들인 흔적이 돋보인다. 특히 지붕 위의 반원형 조각까지 치밀하게 세우고서 좌우의 낮고 투박한 종탑의 위계를 조심스럽게 흐트러뜨린다. 1550년에 초석을 다지고 완공까지 거의 100여 년이 걸렸다. 대성당의 종탑에는 1659년부터 남미에서 가장 큰 종이 걸려 있다.

쿠스코 대성당에 들어서면 유독 눈길을 끄는 것은 '지진의 신'이라는 검은 예수상이다. 천정에서 내려오는 붉은 천을 배경으로 십자가에 매달린 검은 예수상을 가운데 두고 왼쪽 아래에는 성모 마리아 상, 오른쪽 아래에는 산티아고 상이 나란히 있다.

1650년 쿠스코에 큰 지진이 있었을 때였다. 성모 마리아와 산티아고에게 기도해도 지진은 멈추지 않았다. 이때 잉카의 후예가 검은 얼굴의 예수상을 만들어 기도하니 지진이 멈췄다. 그때부터 사람들은 이 검은 얼굴의 예수를 숭배하기 시작했다. 성당 안에 걸린 마르코스 사파타1710~1773가 그린 〈최후의 만찬1753〉에 만찬 음식으로 그려진 것이, 쿠스코 잉카 원주민의 대표 음식인 쿠이다.

검은 얼굴의 예수와 쿠이는 잉카의 토착 신앙과 그리스도교가 결합된 대표적인 '싱크리티즘'이다. 그리스어에 기원을 둔 싱크리티즘은 흔히 '종교혼합주의'라고 해석한다. 검은 얼굴의 예수는 안짱다리에 인디언의 고유 의상인 치마를 입었다. 우측 마리아와 좌

쿠스코 대성당 내부에 자리한 검은 예수상.

쿠스코 대성당 내부.

측 산티아고의 머리 위에는 각각 태양과 달이 그려져 있다. 잉카의 신성인 태양과 달이 예수를 둘러싸고 있는 것이다. 또 다른 하나, 싱크리티즘을 짐작케 하는 벽화도 있다. 에스파냐의 정복자 피사로1476~1541와 아타우알파1497~1533가 최초로 맞부딪친 장면을 묘사한 벽화의 배경은 에스파냐의 전원 풍경이다.

멕시코시티의 테페약 언덕에서도 비슷한 기적이 일어났다. 1521년 8월 아스텍 제국이 코르테스1485~1547에게 정복당한지 10년이 지난 1531년, 아스텍 인디오들은 디에고의 기적을 통해 가톨릭을 받아들이게 됐다. 멕시코시티 소칼로 광장에서 북쪽으로 6.3km에 위치한 테페약 언덕에서 인디오 후안 디에고1474~1548가 미사를 드리기 위해 테페약 언덕을 가로지르고 있었다. 이때 아스텍 원주민 여인이 그 앞에 나타났다. 그녀는 에스파냐어가 아닌 아스텍인들의 토착어인 나후아틀어로 '나는 지상의 모든 백성들의 자비로운 어머니 성모 마리아다.'라고 말했다. 당시 테페약 언덕에는 아스텍 원주민들의 어머니 신이 모셔져 있었다. 성모 마리아가 아스텍 원주민의 모습으로 나타난 것은 아스텍 문명과 에스파냐 문명의 융합을 의미한다.

그리스도교의 토착화는 마마차 숭배 사상에서도 엿볼 수 있다. 마마차는 성모 마리아와 대지의 신, 파차마마와의 혼교를 의미한다. 수도원 회랑 서쪽에 자리한 코리칸차 박물관에서 전시된 마마차는 '브로카테아도'라고 하는 금색 옷을 입고 있으며 왕관 위에는 잉카 왕의 깃털 장식이 붙어 있다. 이민족의 문화를 받아들일 때는 흔히 수용하는 자의 마음으로 이해하는 것이 일반적이다. 대지의 어머니와 성모 마리아는 둘 다 모성을 자극하는 인간의 어머니와 친밀하게 연결된다. 지금도 티티카카 호수 남단 포마타에서는 이 마마차를 숭배하는 비르헨 데 로사리오 포마타 축제가 성대하게 열린다.

16세기 쿠스코를 중심으로 성행한 쿠스케냐 화풍은 가톨릭 성화에 잉카의 지방색을 가미한 특이한 종교화 양식이다. 쿠스코 근교에 있는 친체로 성당의 내부 역시 온통 쿠스케냐 화풍으로 장식돼 있다. 대성당의 그림을 그린 원주민 화가들이 에스파냐 화가에게서 영향을 받아 쿠스케냐 화풍이 발전했다. 18세기 말에 이르면 이 화풍이 상업적으로 선풍적인 인기를 끌었다. 오늘날엔 원주민 화가가 아르마스 광장에서 여전히 이런 화풍의 그림을 팔고 있다.

쿠스코 대성당과 직각으로 남쪽에 마주한 라 콤파냐 데 헤수스 성당은 잉카의 11대 왕 와이나 카팍1450~1524이 살던 궁전을 허물고 지어졌다.

1576년의 일이다. 그 후 산타 카탈리나 수도원과 박물관 역시 잉카 제국의 10대 왕인 투팍 유판키1441~1493가 살던 아클라와시태양의 처녀 궁전을 허물고 그 위에 세웠다. 기록에 따르면 투팍 유판기

의 궁전은 벽 한 면이 황금의 태양으로 장식돼 있었다. 궁전 회랑에
는 잉카 귀족의 미라가 도열해 있고 당시 크게 유행한 변형 머리를
한 동자 금상도 진열돼 있었다. 정원은 금으로 만든 각종 동식물로
장식됐다.

연대기 작가 페드로 산체스 데 라 오스1514~1547가 당시 쿠스
코를 묘사한 글이『잉카 최후의 날』에 이렇게 적혀있다.

"도시에는 지방 족장이 머무르는 성채가 많다. 집은 대부분 돌로 지
어졌으며 그러지 않은 경우에도 전면은 모두 돌로 돼 있다. 길은 직

라 콤파냐 데 헤수스 성당.

선으로 뻗어 있는데, 바닥은 돌로 포장됐고 한가운데는 물이 흐를 수 있도록 수로가 나 있다. 수로 안쪽도 역시 돌로 마감돼 있다. 광장은 정사각형이며 바닥이 대부분 작고 평평한 돌로 덮여 있다. 주변으로 쿠스코에서 가장 중요한 왕궁 네 채가 서 있다. 왕궁은 모두 색이 칠해져 있으며, 훌륭한 조각과 마름질한 석재로 지어졌다. 그중에서도 선왕 와이나 카팍의 왕궁이 단연 최고다. 입구는 붉은색과 흰색, 여러 가지 색이 들어간 대리석으로 돼 있다. 또 다른 웅장한 건물도 많다."

태양 축제 인티라이미

잉카의 축제 가운데 가장 대표적인 것은 매년 6월 24일 쿠스코에서 열리는 인티라이미다. 케추아어로 인티는 '태양', 라이미는 '축제'라는 뜻이다. 인티라이미는 원래 동짓날 삭사이와만 유적지 근처의 신성한 장소에서 열렸다. 오늘날에는 코리칸차에서 시작해 아르마스 광장을 돌고 삭사이와만 유적지에서 마무리한다. 그해에 수확한 옥수수로 만든 치차를 황금 병에 담아 태양신에게 바치는 행사다.

잉카인은 농사의 결실이 왕의 능력에 달렸다고 믿었다. 풍요로운 수확은 왕이 정치를 잘한 결과이고, 수확이 좋지 않으면 왕이 잘못했기 때문이라고 여겼다. 태양제가 벌어지면 사람들은 매일 치차를 마시고 춤추며 축제를 즐겼다. 쿠스코의 수로에는 오줌이 강물처럼 흘렀다고 전한다. 왕과 제사장은 3일 동안 물과 익히지 않는 옥수수와 추캄허브식물만을 먹으며 몸과 정신을 청결히 하여 인티라이미를 주관했다. 인티라이미는 9일 동안 계속됐다는 기록도 전해지고 있다.

잉카의 후손은 1944년부터 인티라이미를 부활시켰다. 매년 6월 24일 제국의 영광을 추억하며 잉카로 시간여행을 떠난다. 실제 동짓날인 6월 21일남반구에서는 우리나라의 하지가 동지다이 아닌 24일에 인티라이미를 시작하는 이유는 과거 잉카인이 태양을 묶은 기둥의 그림자가 사라지는 날을 그날이라고 생각했기 때문이다. 실제 동지와는 3일 정도 차이가 있지만 잉카의 후손은 6월 24일을 계승하여 인티라이미를 진행한다.

전야제는 23일 오후 6시부터 태양의 길을 따라 벌어진다. 자발적으로 참여한 쿠스코 사람들이 화려한 민속 의상을 입고 나와 군무를 선보인다. 잉카의 전통 의상을 입고 악기의 리듬에 맞춰 발을 옆으로 뻗으며 앞으로 나아간다. 거리의 모든 불은 꺼진다. 아르마스 광장에 모인 시민들은 선조들이 했듯이 태양의 힘이 다시 강해지기를 기원한다.

24일 아침 태양이 코리칸차를 비출 즈음, 관광객이 발 디딜 틈

없이 들어차고 나면 잉카의 전통 복장을 한 무용수가 코리칸차 광장으로 쏟아져 나온다. 잠시 후, 잉카 제국의 왕인 사파 잉카가 산토 도밍고 성당의 기단인 잉카 시대 성벽 위에 올라서자 성스러운 연기가 피어오른다. 사파 잉카가 치차가 담긴 황금 잔을 높이 치켜든다. 왼쪽 잔은 태양, 오른쪽 잔은 사파 잉카와 네 부족장을 위한 잔이다.

사파 잉카 오른쪽에서 '푼차오'라고 불리는 태양신을 상징하는 금 원반이 잉카 시대에 그러했듯이 웅장하게 반짝거린다. 사파 잉카가 태양을 향해 팔을 벌리는 순간 의식의 시작을 알리는 나팔 소리와 함께 여러 무용수가 한바탕 춤을 추며 나타난다. 잉카 왕 배역은 페루 유명 배우가 맡지만 나머지 무용수들은 자발적으로 참여하는 쿠스코 시민이다.

오전 10시가 조금 넘은 시간 아르마스 광장의 동쪽을 제외한 세 모퉁이에서 화려한 전통 옷을 입은 무용수가 일제히 등장한다. 사람들의 환영을 받으며 잉카의 상징인 오색의 천을 둘러맨 사파 잉카의 가마가 나타난다. 사파 잉카는 먼저 감자를 신에게 바치고 곧이어 오색으로 염색한 실을 꼬아 만든 야마의 털을 제물로 바친다. 화려한 민속 의상을 입은 여인들이 감자와 옥수수를 들고 광장을 돌자 그 뒤로 남자들이 찻잎을 들고 행진한다. 이들이 동쪽으로 퇴장하는 순간, 축제는 삭사이와만으로 이어진다.

오후 2시, 삭사이와만 광장에서는 화려한 잉카 복장을 입은 무용수들이 두 시간가량 군무를 펼친다. 이 화려한 퍼포먼스는 사파 잉카가 태양신에게 바쳤던 오른쪽 잔에 담긴 그 치차를 네 부족장이 나눠 마시는 것으로 마침표를 찍는다.

축제는 24일 이후 일주일간 계속된다. 민속춤 경연 퍼레이드를 시작으로 잉카의 후손이 모여 행진한다. 여러 도시에서 참가한 팀이 펼치는 다양한 춤과 노래가 계속된다. 축제의 마지막 날, 화려한 잉카 복장의 무희들이 그림처럼 줄지어 선 삭사이와만 광장은 그야말로 장관이다. 중앙에 마련된 제단에는 왕과 제사장들만이 올라가 신성한 인티라이미를 진행한다. 사파 잉카가 야마의 심장을 태양신에게 바치는 것으로 축제는 막을 내린다. 주로 검은 야마의 심장을 제물로 바치는데, 제단 위에서 야마의 심장을 꺼내 그 피의 색깔로 제국의 운명을 점쳤다.

쿠스코에서 열리는 태양제.　　　　　　　　　민속 의상을 입은 잉카의 후예들.

12각 돌이 가진 자연스러움

코르도바의 이슬람 사원을 무참히 허물고 성당을 지은 주교를 보고 페르난도 3세1199~1252는 이렇게 한탄했다.

> "그대가 허물어버린 것은 세상에 하나밖에 없는 건물이고, 그대가 지은 것은 세상 어디서나 볼 수 있는 건축물이다."

쿠스코는 도시 전체를 돌로 빚은 성채 도시다. 신에게 의식을 올리던 신전은 물론이고, 궁전과 귀족의 저택, 사람들이 모여 토론하고 물건을 교환하던 광장과 시장을 비롯해 크고 작은 길과 골목 그리고 집까지 모두 정교하게 가공한 돌을 사용해 만들었다. 높이가 1~3m에 이르는 거대한 돌을 최대한 원래 형태 그대로 아귀를 맞춰 차곡차곡 쌓아올렸다. 그러나 오늘날 쿠스코에는 잉카 유적은 흔적도 없이 사라지고 그저 돌담만 덩그러니 남았다. 아르마스 광

아툰루미욕 거리.

장 그리고 코리칸차 유적의 일부가 간신히 남아 있다.

아르마스 광장에서 대성당 남쪽으로 난 트리운포 거리를 따라 조금 걸어가면 아툰루미욕 거리가 이어진다. 연중 관광객으로 붐비는 이 거리는 잉카 시대의 포석 위로 정교하게 마름질한 석벽이 가지런하다. 이 거리에서는 정교하게 쌓아올린 잉카 석벽을 누구나 손으로 직접 만질 수 있다. 걷다보니 12각 돌로 유명한 돌담이 나온다. 하나하나 각을 세어보니 정말로 12각이다. 돌과 돌 사이는 바늘 하나, 종이 한 장 들어갈 틈이 없을 정도로 정교하게 짜 맞춰져 있으며 퓨마의 흔적까지 남겨두었다. 그 옆으로 파괴된 담을 급하게 다시 쌓은 식민 시대의 석벽이 있는데, 잉카 시대의 담과는 비교할 수 없을 정도로 조악하다.

피라미드를 만든 이집트 석공처럼 사각으로 돌을 자르면 될 것을 일부러 12각으로 만든 것은 자연스러운 돌의 형상을 존중한 잉카인의 미의식이 반영됐을 터이다. 돌을 다루는 데는 세계 최고

퓨마 형상의 돌담.

라는 칭송을 받는 잉카의 석공은 이집트의 피라미드나 그리스의 파르테논 신전처럼 돌을 수평으로 자르지 않았다. 본연의 형상을 존중해 최소한의 가공만으로 큰 돌에 작은 돌을 끼워 맞추었다. 따라서 12각형 돌이라고 하는 것은 정확한 표현이 아니다. 사람들의 눈에 그냥 12각형으로 보일 뿐 어느 한 곳도 직선은 없다.

거친 돌이 울퉁불퉁 맞물려 쌓아올려진 자연스러운 돌담에 그들이 신성시한 퓨마와 뱀의 형상이 거대한 모자이크처럼 남아 있다. 일일이 사람의 손으로 돌을 쪼아가며 이음새를 맞춘 잉카인의 정성이 꿈틀거린다. 에스파냐의 톨레도가 이슬람의 길 위에 있듯이 오늘날 쿠스코의 건물은 하나같이 무너진 잉카의 석축 위에 있다.

건물은 잉카 시대의 작품이 아니지만 길에는 여전히 잉카의 정신이 흐르고 있다. 쿠스코 건설에 동원된 인부와 공사 기간에 관한 기록은 남아 있지 않다. 잉카인이 사용한 기호와 여러 자료를 근거로 5만여 명이 약 20년간 일한 것으로 추정할 뿐이다. 쿠스코에서 가장 유명한 비라코차 신전과 코리칸차, 그리고 태양의 처녀 궁전이라도 그대로 남아 있었더라면 하는 아쉬움과 탄식이 절로 나온다.

골목마다 담겨있는 숨결

쿠스코의 골목을 아무리 걸어도 질리지 않는다. 남미의 어느 곳에서도 사라진 문명의 이야기를 이토록 생생하게 들려주는 도시는 찾을 수 없을 것이다. 하얗게 벽을 칠하고 오지기와를 얹은 에스파냐 남부풍의 집이 잉카의 길을 따라 늘어선 골목에는 분위기 좋은 카페와 미각을 유혹하는 식당이 많다.

대성당 왼쪽에서 북동쪽으로 난 오르막길을 오르면 삼거리 모서리 언덕 위에 잉카 박물관이 자리하고 있다. 에스파냐 해군 제독이 잉카 유적을 허물고 그 자리에 다시 지은 건물이다. 잉카 이전 문명부터 쿠스코 일대에서 발굴된 도예, 의상, 농경, 종교 등 다양한 분야의 유물을 전시해놓았다.

잉카 박물관을 나와 추쿠만 거리를 따라서 두 블록 올라가면 작은 광장에 면해 프레콜롬비아노 박물관이 나온다. 잉카 시대 의식용 건물을 허물고 그 자리에 세운 식민 시대 양식의 2층 건물이다. 2003년부터 나스카, 잉카, 우아라 등 페루 고대 유물을 기증받아 지역별 문화와 예술적 가치를 분류해 전시하고 있다. 잉카 박물관에 비해 전시 구성이 조금 더 세련됐다. 중정에 면해 카페와 선물가게 겸 갤러리가 있어서 쉬어가기 좋다.

오늘날 허리 잘린 돌담과 에스파냐 오지기와지붕 위에 잉카의 흔적이 외롭게 남아 있다. 기와지붕을 자세히 살펴보면 용마루에 황소, 퓨마, 닭, 십자가, 사다리 등 각종 형상의 토기가 놓여 있다. 이것은 모두 잉카 조상이 집을 지을 때 대지의 여신 파차마마에게 축복을 빌었던 흔적이다. 처음에는 주로 힘의 상징인 퓨마와 행운의 상징인 닭의 형상을 올렸으나, 에스파냐 정복 군대에 의해 가톨릭이 전파되면서 십자가 등이 추가됐다.

길가에 붉은색 천이 펄럭이는 장대를 세워놓은 집은 치차를 파는 집치체리아임을 알리는 표식이다. 치차는 잉카인이 신성시하는 음료로 옥수수를 15일간 발효해 숙성해 만든다. 잉카인은 이 음료를 인티라이미 때 태양신에게 바쳤다. 오늘날엔 딸기 주스와 치차를 혼합한 로사다가 달콤한 향내를 풍기며 여행자의 혀끝을 유혹하지만, 그 역사의 뿌리는 치차에 있다.

잉카 시대 신에게 바치는 치차를 관리하는 소녀를 '아클라' 또는 '뉴스타'라고 했는데, '태양의 처녀'라는 뜻이다. 지금도 인디언 부락에서는 미인대회 성격의 뉴스타 선발 행사를 연다. 마추픽추에도 뉴스타 궁전이라 불리는 건물이 있다.

아르마스 광장에서 걸어서 15분 거리의 산 페드로 중앙 시장의 신선한 과일은 잉카의 하늘이 잉태한 안데스의 맛이다. 신선한 과일로 만든 주스를 한 잔 마시는 것만으로 잉카의 풍미를 통째로 느낄 수 있다. 잉카 제국에는 공식적으로 3,000종류의 감자가 있었다는데, 이곳 시장에서 어느 정도 확인해볼 수 있다. 용기 있는 사람이라면 쿠스코 외곽의 우안카로에 서는 토요 시장에 들러보면 좋다. 좀도둑이 많은 곳이라 조심해야 하지만, 이곳에 가면 잉카의 진기한 유물과 그에 못지 않은 복제품을 만날 수 있다.

눈을 의심케 하는 장엄한 성벽

『잉카 최후의 날』에는 과거 삭사이와만의 웅장한 모습을 담은 상세한 묘사가 있다.

> "언덕 위 높은 곳은 지형이 둥글고 경사가 심하지만, 그곳엔 돌과 흙으로 지어진 매우 아름다운 요새가 있다. 도시를 향해 난 커다란 창문은 하나같이 아름답다. 이탈리아 롬바르디아나 외국의 여러 나라를 다녀본 에스파냐 병사도 이곳보다 더 아름답고 튼튼한 요새를 본 적은 없다. 요새는 에스파냐 병사 5,000명은 족히 들어갈 정도로 넓다. 험준한 언덕 위에 있기 때문에 대포 공격을 할 수도, 아래쪽으로 굴을 뚫을 수도 없다."

코리칸차를 뒤로하고 쿠스코가 한눈에 내려다보이는 삭사이와만 요새에 오른다. 1983년 유네스코 세계문화유산으로 지정된 곳이다. 인티라이미 기간 제단이 놓였던 광장 중앙에 서서 삭사이와만 유적을 쳐다본다. 거대한 석축이 톱니 모양으로 3단의 테라스 위에 열을 지어 서 있다. 울퉁불퉁한 자연석을 형태에 맞춰 정교하게 짜맞춘 석축이 목이 잘린 채 지그재그로 이어진다.

삭사이와만 유적지 정상의 무육 마르카동심원 석축으로 이루어진 원형 탑를 중심으로 높이가 서로 다른 테라스 위에 3중의 성벽이 둘러쳐 있다. 이곳은 무육 마르카를 중심으로 그 양 옆에 사각형 건물이 호위하는 형태로 구성돼 있다. 태양 신전으로 추정된다. 겹겹 쌓인 우람한 성벽은 지그재그 모양의 톱날 형태로 방어와 공격에 탁월했다. 지면을 받치는 거대한 돌은 마치 어제 쌓은 것처럼 단단하게 결속돼 있지만 성벽의 상부는 온통 목이 잘렸다.

쿠스코를 처음 방문한 에스파냐의 피사로1478~1541 군대는 마치 유럽의 성처럼 세 망루가 세 겹의 성벽 위에 하늘을 찌를 듯이 서 있는 요새를 발견하고 놀랐다. 그곳이 오늘날 삭사이와만이다. 케추아어로 삭사이와만은 '배부른 송골매'라는 뜻이다. 이는 잉카 제국에서는 '콘도르'를 의미한다. 하늘의 신인 콘도르가 잠시 날개를 접고 내려앉은 곳이 삭사이와만이다. 퓨마의 머리 부분에 콘도르가 앉아 있다는 것은 송골매처럼 지각하고 감시하며 통제하려는 의미다.

메스티소 출신의 기록가 가르실라소 라 베가1503~1536는 어린 시절 자신이 직접 본 삭사이와만을 『잉카 최후의 날』에 기록했다. 문헌에 따르면 현재의 성벽보다 더 높았다. 그 당시 삭사이와만은 지금처럼 허물어지지 않고 3단의 석벽이 지그재그 8m 높이로 당당하게 서 있었다. 지금 바라보아도 말문이 막히는 석벽은, 에스파냐 침략자들이 대포를 쏜다고 해고 꿈적도 하지 않았을 것이다. 잉카인이 삭사이와만을 설치할 당시에는 대포가 없었다. 따라서 그들은 대포를 맞아도 정면에서 맞지 않도록 하기 위해 일부러 지그재그로 쌓을 필요가 없었다.

아마 지그재그 3단의 성벽은 서양의 돌출 성벽과 비슷한 역할을 했을 것이다. 적을 제압하기에 가장 좋은 구조로 잉카인의 전투 대형에 가장 익숙한 성벽 구조로 추정될 뿐이다. 잉카인은 의도하지 않았지만, 독특한 구조 덕분에 침략자의 대포 공격에 효과적이었다.

고작해야 곤봉을 닮은 막대기와 돌을 묶은 볼라의 끈을 휘둘러 원거리의 적을 제압하는 잉카 전쟁에서 이렇게 무지막지한 성벽을 쌓은 것은 놀랍다. 이는 상대의 심리를 일시에 제압하려는 목적이었던 것으로 보인다. 적군이 거대한 삭사이와만 광장에 서는 순간 전면 길이 300m가 넘고, 전체 둘레는 1,000m가 넘는 거대한 성채를 보고는 압도당하고 말았을테니.

성채는 동양이나 서양이나 할 것 없이 적을 막는 기능과 동시에 제국의 신민에게 안정감을 심어주는 두 가지 목적이 있다. 잉카의 통치자들 역시 거대하고 단단한 성채를 만들고 그 안에 태양 신

쿠스코를 지키는 삭사이와만 요새. 전면 길이 300m가 넘고, 전체 둘레는 1,000m 이상이다. 8m 높이의 3단 석벽으로 이루어져 있었다. 잉카 시대에는 태양 신전과 물의 신전이 존재했다.

전을 배치해 적의 침입에도 안전하게 왕국을 지킬 수 있다는 믿음을 심어주었을 것이다.

중앙 광장에서 삭사이와만 성채를 바라보고 있으면 성벽의 하부를 지지하는 돌 하나에 300톤이 넘는다는 사실에 놀란다. 석회암이 빈틈없이 맞물려 한 치의 틈도 허락하지 않는다. 도대체 이 큰 돌을 어떻게 옮기고, 무슨 재주를 부려 끼워 맞추었을까.

삭사이와만 성채를 광장에서 바라보면 인간이 만들었다고는 도저히 믿을 수 없다. 거인이 쌓지 않았다면 불가능하다. 거대한 석재를 옮기는 일은 물론, 정밀하게 돌을 재단해 빈틈없이 아귀를 맞출 수 있다니. 이 광장에서 3단의 성벽이 포개지는 곳은 높이가 18m에 이른다. 웅장한 성채 위에 병사들이 서서 함성을 지른다면 적은 일시에 기가 죽고 말 것이다. 오늘날 목이 잘린 성벽을 바라만 봐도 가슴이 먹먹해진다. 꼭대기에 성채가 우뚝 솟아 있다면 어땠을까.

빽빽한 건물들 사이로 무육 마르카의 돌탑이 위용을 자랑하고 있었다면 삭사이와만은 거대한 예술 작품이었을 것이다. 흔적만 남아 있는 무육 마르카는 4~5층 높이의 원뿔 모양으로 지름이 약 23m다. 양옆에 있는 두 개의 건물은 높이가 거의 같은 직사각형 모양으로 원뿔 형태의 돌탑을 호위하고 있었다. 탑 아래에는 방어벽보다 더 멀리 뻗어나간 비밀 굴이 있었다고 하지만 확인할 수 없다.

광장에서 삭사이와만을 바라보고 있으면 잉카 시대 쿠스코 주민 모두가 성채 안으로 피신할 수 있었을 것이라는 주장에 고개가 저절로 끄떡인다.

에스파냐 정복군이 잉카 군대가 지키고 있는 삭사이와만 앞에서 어찌할 바를 몰라 당황했던 것을 짐작할 수 있다. 성벽 위에 잉카 병사들이 진을 치고 함성을 지르는 것만으로 위협적이었을 것이다. 이렇게 거대하고 단단하게 쌓아올린 성벽은 상상조차 해보질 못했을 테니까. 당시 유럽 문명은 성벽을 대부분 3겹으로 쌓아올렸다. 1차 저지전이 뚫리더라도 2차, 3차 방어선이 적의 공격을 막아내기 위함이다. 삭사이와만 성벽은 유럽의 성벽과 다르게 거대한 돌이 한 치의 틈도 없이 촘촘히 다져져 있다. 바위 하나하나가 최대 300톤에 이르는 거석을 벽돌 쌓듯이 차곡차곡 얹은 모습은 어떤 말로도 설명하기 힘들다. 에스파냐 침략자들의 눈에는 삭사이와만 성벽이 세고비아의 수도교나 로마인이 지은 그 어떤 건물보다도 신비했을 것이다.

삭사이와만 요새를 건설하는 데 동원된 인원은 수만 명, 공사 기간은 자그마치 83년으로 추산하지만, 정확한 자료는 없다. 다만 현재까지 밝혀진 바에 따르면 유적지 건설에 사용한 거석은 근처의 석회암 광산에서 밧줄을 이용해 가져왔다. 8m 높이의 성벽을 지지하는 거대한 크기의 돌을 밧줄로 가져왔다니, 잉카인의 한계가 어디까지인지 의심스러울 정도다. 어느 곳에서도 철기와 바퀴를 사용한 흔적을 찾아볼 수 없다. 삭사이와만의 수많은 돌은 15km 이상 먼 곳에 있는 채석장에서 가져왔다는 것을 선뜻 믿기 어렵다. 100톤이 넘는 바위를 채석장에서 옮겨와 차곡차곡 쌓아올리는 것은 오늘날에도 쉬운 일이 아니다.

최근 페루의 한 고고학자는 삭사이와만이 잉카 제국의 새로운 코리칸차였다고 주장했다. 삭사이와만 요새는 파차쿠텍의 아들 투팍 유판키가 제국의 위상에 따라 건설한 새로운 코리칸차라는 주장이다. 잉카 제국의 규모에 걸맞게 삭사이와만 성벽 위에는 태양 신전을 비롯한 다수의 건물 유적이 세 겹의 성채를 두르고 있으며, 넓은 마당을 사이에 두고 그 맞은편 언덕에는 물의 신전까지 세워져 있다. 충분히 상상할 수 있는 이야기다.

이민족의 침략이 없을 경우 조상 대대로 믿어오던 코리칸차를 옮기는 경우는 보기 힘들다. 삭사이와만은 외부의 침입을 받지 않았다. 따라서 삭사이와만은 통일 제국의 면모를 보여주기 위해 새로 조성한 거대한 종교 복합 단지로 보인다. 이곳에서 웅장한 종교 의식을 진행하면서 제국의 위상을 더 높였을 것으로 보인다.

지금도 삭사이와만 정상에는 태양 신전의 흔적인 원형 구조물과 두 개의 직사각형 기단이 덩그러니 놓여 있다. 이는 쿠스코의 태양 신전과는 그 형태와 규모가 완전히 다르다. 그곳에서는 원과

01

02

03

01 삭사이와만 성채의 출입구.
02 한 치의 오차 없이 맞물린 거대한 석재들.
03 잉카 석공이 의도적으로 쌓아 만든 퓨마 형상의 성벽.

사각형이 조합된 흔적은 보이지 않는다. 잉카인들에게 원은 하늘의 신을 직사각형은 대지의 신을 상징한다. 삭사이와만 맞은편 동산은 미끄럼틀처럼 자연석이 비탈지게 놓여 있고 주위에는 정교한 계단이 있다. 정상에는 원형으로 이루어진 물의 신전 흔적만이 남아 있다. 태양 신전과 물의 신전을 완성한 후 마침내 잉카 왕은 물과 태양을 동시에 손에 쥔 제국의 절대자가 될 수 있었던 것으로 보인다.

오늘날 삭사이와만은 목이 잘린 상태로 반쯤 허물어져 있다. 에스파냐 정복군이 태양 신전의 위력에 놀라 이 장엄한 성벽을 헐어서 그 돌을 모두 바로크식 성당과 수도원을 짓는 데 사용했기 때문이다. 중앙에 둥근 탑 형태의 태양 신전이 높이 솟아 있었으나 에스파냐 군대는 그 웅장함에 압도된 나머지 이를 군사 목적의 성벽으로 오해하고 파괴했다고 전해진다.

쿠스코가 한눈에 내려다 보이는 위치에 설치된 예수상.

삭사이와만 동쪽 언덕에 있는 하얀 대리석 예수상은 1945년 이곳에 거주하던 아랍계 그리스도교인이 자신들을 받아준 것에 대해 감사의 뜻으로 세운 기념비다. 만약 태양 신전이 옛날 잉카 시대처럼 우뚝하게 서 있다면 쿠스코가 한눈에 바라보였을 것이다. 대리석 예수상보다는 비교조차 할 수 없을 정도로 더 웅장하였을 것이다.

지그재그 비밀의 동굴

삭사이와만에서 동쪽으로 걸어서 15분 거리 언덕에 인간의 뇌처럼 기이한 주름이 잡혀 있는 자연 암반이 있다. 거대한 바위 위편에는 마추픽추에도 있는 인티우아타나태양을 잇는 기둥와 주술에 사용된 특별한 형태의 돌이 조각돼 있지만 정확한 기능은 알 수 없다. 암반 속에 비밀스러운 제단과 지하 동굴이 미로처럼 엮여 있다.

오늘날 페루의 고고학자는 이 동굴이 삭사이와만 맞은편 언덕 위에 있는 물의 신전과 밀접하게 연계된다고 주장한다. 원형으로 잘 마감된 물의 신전 연못 주위에 원형 단이 있어 이곳에서 물과 관련된 의식을 행했을 것으로 짐작한다. 잉카인에게 물은 대지의 자궁이자 지하 세계의 문이었다. 어쩌면 켄코는 물의 신전에 포함되는 삭사이와만 신전 지대의 일부였을 것이다. 삭사이와만 신전 지대의 산줄기는 남쪽의 태양 신전과 북쪽의 물의 신전으로 연결돼 있다. 지리적으로 보자면 물의 신전을 가득 채운 신성한 물은 탐보마차이에서 끌어왔을 것이다.

오늘날 켄코 유적지의 켄코라는 말은 케추아어로 '지그재그'라는 뜻이다. 바위 상부에 특별한 의식을 거행했을 지그재그 모양의 홈과 다양한 형태의 기능을 암시하는 모양이 새겨져 있다. 마치 사람의 뇌처럼 복잡한 모양의 바위는 그 자체로 잉카 신의 머리처럼 기이하다. 그중 태양의 눈처럼 생긴 작은 원형 절구 속에 물을 부으면 지그재그로 흐르며 이미지를 그리는데, 이것을 보고 잉카의 점술사는 길흉을 점쳤다. 야마의 심장을 꺼내 제국의 길흉화복을 점쳤듯이, 이곳에서도 야마의 피와 치차를 뿌리며 그 흘러가는 형상과 색깔로 점괘를 판단했다.

켄코 유적지 안으로 들어가자 조그만 광장 안쪽으로 작은 동굴이 나온다. 삼각형 아치를 따라 동굴 속으로 빨려든다. 자연 암반을 조각한 다양한 형상이 줄지어 나타난다. 제단처럼 정제된 자리와 단이 모습을 드러낸다.

미라를 안치한 공간일까, 희생물을 놓았던 곳일까. 아마 미라를 만들거나 사람을 수술한 곳으로 추정될 뿐이다. 잉카인은 죽은 사람이 굴이나 샘에서 다시 태어난다고 믿었다. 그래서 샘이나 굴을 '파카리나'라고 부르며 신성시했다. 잉카인은 자신들의 조상이

01

02

01 동굴로 들어가는 길.
02 내부 모습.
03 기이한 주름이 잡혀 있는 자연 암반을
이용해 만들어진 켄코.

03

티티카카 호수에서 태어났다고 믿었다. 물의 신전이 티티카카를 상징한다면, 켄코는 죽어서 다시 물 속으로 들어가기 위한 준비를 하는 곳으로 보인다. 잉카인에게 굴은 티티카카의 깊은 연못을 상징한다.

잉카인은 거대한 자연석을 뚫고 깎고 다듬어 미로처럼 얽힌 길을 내고 특별한 의식을 치르는 용도로 사용했다. 각각의 공간에서 물의 신전과 상호 기능을 보완하며 죽음을 기렸을 것이다. 돌무리 외부에는 6m가량의 커다란 지석이 기념비처럼 세워져 있다. 퓨마의 형상이라고 하는데 보는 방향에 따라서 퓨마가 비상하는 모습으로 보인다.

이 돌 주위에는 반원형 의자가 놓여 있다. 켄코는 돌로 만든 카타콤일까. 현대인은 알 수 없는 잉카 시대의 전설이 잠자고 있는 지하 동굴 속으로 들어서는 순간, 정밀하고 비밀스러운 작업이 여기서 일어났음을 직감할 수 있다. 전쟁 부상자를 치료하거나 시신을 미라로 만드는 일이 틀림없이 이곳에서 벌어졌을 터. 당장 눈앞에서 확인할 수 없다고 있었던 일이 사라지는 것은 아니다.

산맥을 병풍 삼은 북쪽 관문

인류학자이자 영화 제작자인 킴 매쿼리가 쓴 『잉카의 최후의 날』에 이런 글이 나온다.

"원주민이 한 달 내내 쿠스코 계곡의 관개 용수를 돌보는 신 '토코리'에게 희생 제물을 바치고 있었다."

푸카푸카라는 삭사이와만 유적지에서 북동쪽으로 걸어서 30여 분 거리의 낮은 언덕 위에 있다. 북쪽의 탐보마차이 테라스 바로 아래 위치한 푸카푸카라는 쿠스코로 진입하는 길목을 지키는 초소로 추정된다. 푸카는 '붉다'는 뜻이며, 푸카라는 '검문소'라는 의미다.

이곳에서 잉카의 초병은 낮에는 소라로 만든 푸투투와 거울로, 밤에는 봉화를 이용해 인근의 삭사이와만과 교신했을 것이다. 아래쪽에 쌓아놓은 담을 따라 언덕 위에 오르면 허물어진 성채 유적이 나온다. 정상에 서면 주변 계곡이 한눈에 내려다보인다. 북쪽 인근의 탐보마차이에서 시작된 신성한 물줄기의 길목을 지키는 곳으로, 북쪽의 부족이 쿠스코에 진입하기 전에 거치는 관문이다.

북동쪽으로 거대한 산맥이 병풍처럼 두르고 있으며 정상으로 이어지는 잉카의 옛길이 선명하게 남아 있다. 산길을 따라 잉카의 전령 '차스키'가 소식을 전하고자 부지런히 달렸다. 이곳에서 차스키의 정보가 모여 쿠스코로 전달되었을 것이다. 북방 민족은 쿠스코에 들어오기 전에 신분 조회를 기다렸다. 오늘날에도 페루에서는 우체국을 차스키라고 한다.

푸카푸카라 북쪽 5분 거리의 언덕배기에 탐보마차이가 있다. 커다란 돌로 정교하게 쌓아올린 3단의 계단식 벽을 타고 끊임없이 샘물이 흘러내린다. 계단식 벽에서 흘러내리는 물은 북쪽 설산의 눈 녹은 물이거나 호수의 물이 아니라 땅에서 직접 솟아나는 신성한 물이다. 잉카인이 요새나 도시를 세울 때 생존에 필요한 식수 찾는 일을 가장 중요시했다.

쿠스코에는 북쪽으로 투유마요 강이, 남쪽으로 와타나이 강이 도시를 끌어안고 흐른다. 그러나 신성한 샘물은 탐보마차이뿐이었다. 탐보마차이에 관한 정확한 용도는 여전히 미궁이지만, 잉카인이 물을 숭배하는 의식을 거행했던 장소라는 사실은 틀림없다.

페루의 발굴 조사단에 따르면 탐보마차이 아래, 삭사이와만 요새 맞은편 언덕에는 물의 신전이 있었다. 물의 신전을 채울 수 있는 신성한 물줄기가 있는 곳은 쿠스코에서 탐보마차이 밖에 없다. 북쪽의 잉카인이 신성한 쿠스코에 들어가기 전에 목욕하고 의식을

쿠스코로 진입하는 길목을 치키는 초소로 추정되는 푸카푸카라.

올리던 곳도 탐보마차이 뿐이다. 중세 에스파냐의 순례객이 산티아고에 들어서기 전 라바코야에서 목욕하고 신심을 다잡았던 것과 비슷하다.

토코리 신에게 희생 제물을 바치는 곳으로 탐보마차이는 제격이다. 의식을 진행할 수 있도록 석축이 정비된 것으로 미루어보아 이곳에서도 중요한 의식을 치렀을텐데. 계단식 구조물 사이로 1년 내내 일정한 물줄기가 솟아나는 샘물이 작은 폭포로 모여 흘러내린다. 이 물을 마시면 아기를 낳게 해준다는 미신이 전해 내려올 정도로 잉카인은 탐보마차이의 물을 신성하게 여겼다. 페루의 유명한 맥주 쿠스케냐를 만들 때 사용하는 물 역시 이 일대에서 퍼 올린다.

잉카의 목욕탕으로도 불리는 탐보마차이는 4단의 테라스로 돼 있다. 가장 위쪽, 정교하게 쌓아올린 석벽에는 네 개의 사다리꼴 벽감이 설치돼 있다. 구체적인 용도를 알 수는 없지만 제단으로 보인다. 오른편에 부속실이 있는 것으로 보아 일종의 신전으로 추정된다. 잉카인은 물을 생명으로 여겼다. 제단으로 보이는 곳에서

북방 민족이 쿠스코로 들어가기 전 목욕과 의식을 행하던 신성한 장소였던 탐보이마차이.

두 줄기 물이 쉬지 않고 흘러나온다. 죽은 사람의 재생을 기원하며 시체 위에 향초 섞은 물을 뿌리는 행사가 이곳에서 행해졌다고 하지만 사실을 확인 할 수 없다.

이곳의 샘물은 젊음의 물로도 알려져 있다. 몸에 바르거나 마시면 젊음을 유지할 수 있다는 전설이 구전된다. 돌로 만든 홈을 타고 흘러내리는 시원한 물줄기에 손가락을 적시는 순간 잉카의 시간으로 들어가는 듯하다. 깊은 계곡 탐보마차이 바로 아래, 전망대인 푸카푸카라 유적이 있고, 그 아래에 물의 신전이 있는 삭사이와만이 자리한 것은 결코 우연이 아니다. 짐작건대 이곳은 성스러운 의식의 공간이자 쿠스코의 관문이었다.

남쪽 관문의 절경

산 프란시스코 광장에서 티폰행 버스를 타고 한 시간 정도 달렸다. 쿠스코 동남쪽 27km, 푸노로 향하는 국도에 면한 작은 마을 티폰이 나타났다. 티폰에 관한 역사적인 기록은 남아 있지 않다. 동쪽으로 10km 지점에 고대 와리 문명의 중심 피키약타 유적지가 있다. 티폰은 피키약타의 일부 마을이었을 것으로 추정하고 있다. 피키약타는 각각 '벼룩'과 '도시'를 뜻하는 피키와 약타의 합성어로 그 의미상 버려진 도시였다는 뜻이다. 과거의 영광이 어찌됐건, 오늘날 티폰은 관광객들이 잉카의 전통 요리인 쿠이를 값싸고 맛있게 먹을 수 있는 곳으로 유명하다.

티폰에서 택시를 타고 10여 분 달리면 계곡 언덕에 티폰 테라스가 장엄하게 나타난다. 유적지는 사우스밸리로 통칭되는 초케페다 지역의 오로페사 가까이에 위치한다. 쿠스코를 병풍처럼 둘러싼 파차타산 산줄기의 마지막 계곡 사이에 넓게 펼쳐져 있다. 관광코스가 대부분 북쪽에 위치하기 때문에 이곳은 상대적으로 한산하다. 티폰 고고학유적공원 안에 위치한 티폰 테라스는 잉카 시대 차스키가 달렸던 길이 완벽하게 보존돼 있다. 쿠스코의 길목을 지키는 중요한 관문인 이곳은 현재 길 중앙에 잉카의 수로가 조각품처럼 남아 있다.

잉카 시대처럼 물줄기가 거침없이 수로를 따라 흘러내린다. 북서 방향으로 길게 기울어진 테라스는 곳곳이 아직도 발굴이 진행 중이다. 계단식 테라스 외에 신전, 운하와 수로를 포함한 다양한 시설이 존재했지만, 어도비햇볕에 말린 진흙 벽돌 건축물은 흔적도 없이 사라지고 없다. 거대한 직사각형 테라스가 잉카 시대처럼 보존된 티폰 유적지는 고고학적으로 잉카의 대표적인 유적지 열여섯 곳 중 하나다. 기후의 영향을 받지 않는 완벽한 수로가 여러 갈래로 나뉘어진다. 산등성이를 따라 펼쳐진 전체 테라스에 고루 물을 공급한다. 연구자들에 따르면 테라스의 높이에 따라 미세하게 온도가 차

이난다고 한다. 이곳은 완벽한 농작물 실험실이었을 것이다.

오솔길을 따라 상부 유적지에 오르면 온전한 상태로 보존된 티폰 분수가 나온다. 잉카 유적지 가운데 가장 거대한 관개 수로이다. 분수가 벽을 타고 흘러 네 개의 물줄기로 연결된다. 이는 다산을 의미하기도 하지만 잉카 제국의 네 부족을 상징하는 것으로 짐작된다.

티폰 유적지는 제국의 동남쪽 식량 기지로 탐보마차이에 버금갈 정도로 물의 신에게 경의를 표하던 신성한 장소. 탐보마차이가 북방 민족이 쿠스코로 진입하기 전에 의식을 치르는 공간이었다면, 티폰 유적지는 남방 민족이 쿠스코에 진입하기 전에 의식을 치르던 곳이다. 쿠스코는 완벽한 도시 계획으로 무장한 신성한 도시였다.

기후의 영향을 받지 않는 완벽한 수로가 조성된 티폰 테라스. 남방 민족이 쿠스코로 들어가기 전 의식을 행했던 곳이었다.

2.

초케키라우

밀림 속
은둔의 신전

초케키라우3,033m 유적지는 은둔의 신전이었다. 잉카의 서쪽 관문으로,
3박 4일의 트레킹으로만 갈 수 있다. 살칸타이봉6,271m을 사이에 두고
북으로는 마추픽추2,430m가, 남으로는 초케키라우가 서쪽 밀림의 관문을
지키고 있다. 마추픽추가 우루밤바강을 두르고 있듯이, 초케키라우는
아푸리막강을 두르고 있다. 1572년까지 에스파냐 침략자의 추격을

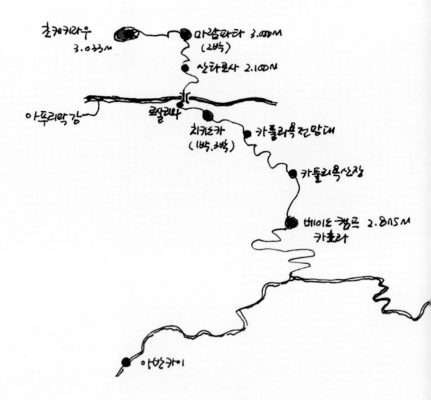

초케키라우 트레킹 코스

저지하는 데 중요한 역할을 수행한 초케키라우는 지금도 아푸리막 협곡 위에 독수리처럼 앉아 쿠스코의 서쪽을 지키고 있다. 초케키라우 여정은 포장되지 않은 원시의 길 그대로다. 20세기 초 하이럼 빙엄은 이 루트를 통해 초케키라우를 발견하고서 마추픽추라고 믿었다. 출발 지점은 쿠스코에서 승합차로 네 시간여 거리에 있는 베이스캠프 카초라2,875m다. 이곳에서 팀을 꾸려 출발한다. 아푸리막강이 포효하는 치키스카1,910m 언덕에서 첫날 밤을 보내고, 아푸리막 다리를 건너 '끝나지 않는 길'이라 불리는 수직 절벽을 1,300m 올라간다. 천국의 정원이 부럽지 않은 마람파타3,003m에서 둘째 날 밤을 보낸 다음, 셋째 날에 초케키라우를 돌아보고 왔던 길로 다시 나온다. 치키스카에서 마지막 밤을 보내고 돌아오는 왕복 64km의 여정이다. 한때 잉카 저항군의 중심지였던 빌카밤바로 이어지는 험난한 길이다.

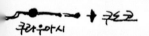

쿠라우아시 → 쿠스코

• 초케키라우의 전체적인 조감은 우스누에서 촬영된 사진으로 확인할 수 있다. 미리 보고 싶다면 P.110~111을 참고하면 된다.

살칸타이가 손짓 하는 그곳

새벽 5시, 은둔의 신전 초케키라우를 가슴에 안고서 숙소 앞에서 승합차에 몸을 싣는다. 승합차는 아르마스 광장 서쪽의 레고시호 광장을 지나 북쪽의 산타 테레사 거리 사거리에 멈춘다.

쿠스코의 북쪽 언덕을 바쁘게 꼬불거리며 카초라로 향하는 3S 국도쿠스코-리마 구간에 오른다. 길가 레스토랑 앞에서 차가 멈추더니 가이드가 아침식사를 하고 가잔다. 리마 토박이가 추천하는 닭곰탕을 시켰다. 닭다리 하나가 반쯤 잠긴 넉넉한 국물에 잘게 썰은 부추가 떠 있는데, 그 속에 추뇨겨울에 잘 말린 감자로 잉카 시대부터 내려오는 음식 재료다가 있다. 국물은 구수했지만 추뇨는 설컹거리고 닭다리는 고래 심줄처럼 질겼다.

이 국도는 그 옛날 차스키가 달리던 오솔길을 확장한 것이다. 길은 점점 문명을 벗어나 이어지고, 낮은 언덕아래 붉은 기와지붕을 눌러쓴 농가 주택이 스쳐지나간다. 하얀 벽체 위로 오지기와지붕을 얹은 이층집이다. 파란 하늘 밑 하얀 살칸타이봉6.271m이 살짝 고개를 내밀고 있다. 이곳이 하늘 아래 첫 마을이라고 알려주려는 것 같다. 자동차는 방사형 가로망을 따라 낮은 주택이 조용히 누워 있는 이수쿠차카를 가로지른다.

마을 중앙의 낮은 건물 사이로 봉화대 같은 기념비가 우뚝 고개를 들고 있는 광장을 지나친다. 왼쪽 산등성이를 따라 나무가 울

창하게 서 있는 인킬파타를 벗어나자 오른쪽 넓은 공터에서 가축 시장이 열리고 있다. 자동차는 안카와시를 지나 천국의 열차처럼 달린다. 소용돌이치는 산등성이를 따라 자신의 몸을 지그재그로 수십 번 휘돌더니 우에르타와이코 협곡이 위용을 드러낸다.

가이드가 인심이라도 쓰는 듯 길가에 차를 세우며 하얀 살칸 타이봉의 설경을 감상하란다. 거대한 피라미드가 백색으로 뒤덮이면 이런 모습일까. 안데스의 창공에서 바라보는 살칸타이봉은 흡사 신선들이 가지고 노는 장난감 케이크 같기도 하다. 살균된 잉카의 태양이 안데스 위로 뿌려지고, 뭉게구름 아래 거대한 설원이 펼쳐지더니 그 사이로 강이 흐르고, 청명한 하늘 아래 설산이 시나브로 가득하다. 구름아래 살칸타이봉이 작은 봉우리를 대동하고서 고깔처럼 박혀 있다.

리마탐보를 벗어나자 차는 계곡을 따라 안데스의 뱀처럼 우아하게 달린다. 협곡을 벗어나니 길은 다시 심하게 굽이져 까마득히 높은 언덕 위의 쿠라와시로 향한다. 안데스의 절경이 발아래 모형처럼 펼쳐진다. 쿠라와시를 벗어난 자동차는 계곡을 파고들며 가파른 정상을 향해 구불구불, 안간힘을 내면서 올라간다. 절벽과 계곡을 곡예하듯 오르는 자동차가 데스비오아카초라 삼거리에서 아반카이로 향하지 않고 급하게 방향을 돌려 비포장 오르막길로 들어선다. 낮은 고개를 넘어서자 눈앞에 거대한 분화구를 닮은 깊은 계곡이 펼쳐진다. 아주 긴 경사면을 지그재그 휘돌며 서서히 계곡 중앙의 낮은 언덕에 자리한 카초라로 들어선다. 네 시간여 만에 우리는 직교축으로 건설된 가지런한 카초라에 안겼다.

작은 강이 흐르는 분지에 자리한 카초라는 조용하다. 중앙 광장이 바라보이는 길가의 허름한 집 앞에 차를 세우고 안으로 들어가니 짐들이 바닥에 널려 있다. 팀 요리사인 루이스가 3박 4일 먹을 음식재료를 작은 꾸러미에 담아 검은 그물망에 집어넣는다. 말 등에 싣기에 그물망이 가장 기능적이고 가볍단다.

첫 번째 휴게소까지는 자동차로 짐을 옮기고 자동차가 갈 수 없는 오솔길이 시작하는 카풀리욕 산장에서부터는 말이 짐을 지고

갈 예정이다. 잉카의 전통 문양이 선명한 물병 케이스를 사서 어깨에 걸고 중앙 광장으로 발걸음을 옮긴다.

카초라는 남북 방향으로 세 개의 긴 가로망을 갖추고 동서 방향으로 여러 개의 도로가 어설프게 나 있다. 북쪽으로 3분의 2 지점의 낮은 언덕 위에 자리한 아르마스 광장이 마을의 중심을 잡아주고, 두 개의 사각형 마당이 남북 방향으로 놓여 있다. 여느 식민지풍 마을처럼 중앙에 광장을 만들고 광장과 마주 보는 서쪽에 성당을, 오른쪽에 학교를, 남쪽에 경찰서와 시청을 만들었다. 밋밋한 박공, 그 아래에 아치 출입구를 갖추고 좌우에 종탑을 품고 있는 자그마한 성당이 한가한 광장을 굽어보고 있다. 기하학적인 광장 한가운데 우람한 떡갈나무 한 그루가 서 있고 북쪽에 연이은 광장은 행사를 진행할 수 있게 비어 있다. 에스파냐의 식민 도시는 하나같

카초라.

이 광장 주변에는 권력층이, 주변부로 갈수록 서열이 낮은 사람이 주거하도록 만들어졌다.

쉼과 고행, 그 사이 9km

카풀리욕 휴게소까지의 9km2시간 30분 구간은 비교적 평탄하다. 포장도로가 끝나는 지점부터 밭고랑 사이로 작은 오솔길이 이어진다. 드문드문 이어진 주택을 지나면 초케키라우 유적지를 안내하는 콘크리트 벽이 나타난다. 내리막을 따라 개울을 건너고 산자락 허리로 오르막길이 이어지고, 협곡 위 살칸타이봉이 마중 나온다.

평탄한 산허리를 따라 펼쳐지는 협곡에는 푸른 초원이 쟁반인 듯 구름을 담고 있다. 외딴 주택 사이로 빠져나가자 협곡 사이로 구름 파도가 몰려온다. 이곳에서 '산은 산, 물은 물'이 아니다. 산은 하늘의 또 다른 손이 되어 협곡 사이로 손을 집어넣고 장난치는 개구쟁이 같다. 산허리를 돌아서서 오른쪽을 보니 중첩된 산줄기 뒤로 날카로운 봉우리가 설산을 지키는 방패처럼 연이어 솟아 있다. 봉우리 사이로 흰 구름이 향처럼 신성하게 피어오른다. 고대 안데스인이 설산 봉우리를 신으로 여긴 이유를 알 것도 같다.

오솔길이 비포장도로와 만나는 곳에 어설픈 나무 벤치가 놓여 있다. 프랑스, 독일, 볼리비아에서 온 네 명의 여행자가 쉬고 있다.

그들은 돈을 절약하기 위해 짐꾼을 고용하지 않고 서로 역할을 분담해 집채만한 배낭을 짊어지고 가다가 잠시 엉덩이를 벤치에 걸치고 수다를 떨고 있었다.

평탄한 도로가 절벽을 따라 구불구불 이어진다. 우리는 두 시간 만에 9km를 완주했다. 비포장도로가 끝나는 절벽에 이르자 박공지붕의 카풀리욕 휴게소가 마중 나왔다. 오른쪽에 간이 매점, 왼쪽에는 작은 식탁이 전부인 식당 그리고 뒤에는 요리가 가능한 부엌이 딸려 있는 단출한 곳이다. 서쪽 작은 마당에 자동차 몇 대가 주차돼 있고 그 뒤로 나귀 두 마리가 가만히 고개를 숙이고 있다. 여기서부터는 나귀 등에 짐을 싣고 걸어야 한다.

따뜻한 수프와 빵 몇 조각으로 점심을 대신했다. 짙은 그림자가 봉우리 하나를 삼키고 있다. 그 뒤로 조금 전까지 설산의 허리를 감싼 구름이 산머리 위로 날아올라 상투를 말다 급히 하늘로 달아났다.

오늘 하루를 마감할 치키스카 야영장까지는 9.4km 3시간 30분 거리다. 절벽을 따라 난 오솔길의 엉성한 나무 목책은 썩어서 부스러질 것만 같다. 눈은 속절없이 비경을 훔치지만 다리를 조금씩 비틀거렸다. 그 순간 피에르 상소 1928~2005의 『느리게 산다는 것의 의미』가 떠올랐다.

"느림은
우리가 한 사람, 하나의 풍경,
하나의 사건을
시험해볼 기회를 제공하며,
시간이 이를 어떻게 변화시키는지를
볼 수 있게 해준다."

잉카의 전령 차스키조차 잠시 숨을 고르고 쉬었을 봉우리 아래로 천 길 낭떠러지가 펼쳐지고 그곳에 아푸리막강이 흐르고 있다. 그 순간 마치 여행자가 아니라 잉카의 차스키가 된 것 같다.

카풀리욕 정상2.915m을 알리는 간판이 푸른 하늘에 연처럼 떠 있다. 왼쪽으로 난 오솔길로 내려가자 지그재그로 이어진 비탈길이 절벽 아래로 미끄러져 내린다. 가파른 사면을 톱날처럼 자르며 내리꽂히는 길은 까마득한 절벽에 기대 있었다. 카풀리욕 정상을 분기점으로 길은 잉카 시대의 원시성으로 갈아입었다. 아푸리막강을 기점으로 V자 협곡이 쐐기처럼 박혀 있다. 낭만은 딱 여기까지다. 잉카의 길은 타협과 조정을 거부하며 결단을 요구하는 모험의 길이다. 잉카의 길은 목적하는 곳이라면 아무리 위태로운 절벽이라도 적극적으로 뚫고 이어진다. 에스파냐 산티아고 순례길이 인간의 길이라면, 잉카의 길은 신의 길이다.

누런 잡초가 야마 털처럼 가파른 절벽을 덮고 있다. 거칠게 지

그재그로 이어지는 황톳길, 방향을 틀 때마다 안데스의 표정이 달라진다. 아푸리막 역시 뱀처럼 굽이져 흐르며, 그 강줄기마저 잠시 시선을 허락하고는 곧바로 협곡 사이로 숨어버린다. 한순간도 느긋한 조망을 허락하지 않는 안데스의 협곡은 질투심 많은 여신 같다. 멀리서 볼 땐 그렇게도 아름답던 절벽이 다가서 보니 검은 돌산이다.

하늘과 땅이 깍지를 낀 공간 사이로 길은 위태롭게 이어진다. 위대한 건축가 안토니 가우디1852~1926는 자연의 선은 직선이 아니라 곡선이라 했다. 그가 만약 안데스를 보았다면 그 말을 바꾸었을 텐데. 절벽에 기댄 아슬아슬한 내리막길에는 거친 자갈만 발꿈치에 걸려 이리저리 굴러다닌다.

난간돌이 가지런한 둥근 전망대에서 잠시 엉덩이를 내려놓았다가 다시 길을 나선다. 거친 돌과 자갈이 아무렇게나 굴러다니며 발바닥을 찌르자 정강이에 힘을 싣지 못해 발걸음이 갈지자로 춤을 춘다. 수직 절벽에 기댄 아슬아슬한 톱날 위를 걸어가듯 조심조심 균형을 잡고 나아갔다. 가파른 길이 길게 허리를 세우고 숲으로 파고든다. 안데스의 협곡에서 숲은 사람이 등을 기대고 잘 수 있는 안식처를 의미한다. 숲이 무성한 오솔길을 파고들자 치키스카 언덕이 평평한 등짝을 드러내고 지친 몸을 품어 준다. 위험한 곡예가 마침내 끝났다. 세 시간 반의 사투 끝에 도착한 천국의 낙원이다.

치키스카 산등성이 위에 잉카 시대의 초가지붕을 어설프게 눌러쓴 오두막집, 그 짧은 처마 아래 어눌하게 짠 나무 의자가 덩그러니 나와 있다. 휴게소 뒤 계단식 풀밭이 층층이 작은 봉우리를 둘러싸고 있다. 짐을 테라스에 던져놓고 풀이 정강이까지 잠기는 봉우리에 올랐다. 노랗게 익은 귤을 따려 하자 옆에 있는 일행이 말린다. 기어코 한 입 물었다가 바로 뱉어냈다. 너무 시다. 랜턴 불빛 아래 일행이 둘러앉아 늦은 저녁을 먹고 차를 마셨다. 천막으로 적당히 가린 샤워장의 차가운 물줄기로 지친 하루를 씻어낸다.

텐트를 치던 가이드가 나를 부르더니 세 번째 텐트라고 알려 줬다. 난생처음 낯선 외국인과 함께 작은 텐트에서 자게 됐다. 텐트 안에 누우니 리마 공항에서 노숙하였던 독일 여행자가 떠오른다. 그때 배낭에서 침낭을 꺼내는 소리가 들렸다. 나를 향하여 던지는 그녀의 미소에 이끌려 나도 주섬주섬 침낭을 깔았다. 침낭 속에 몸을 밀어 넣는 순간 천국이 부럽지 않았다.

아무도 이상하게 생각하지 않았지만 몸은 쭈뼛거린다. 텐트 양쪽 가장자리 쪽에 매트리스를 깔고 중간에 가방을 교도소 담처럼 쌓았다. 지친 몸은 금세 안데스의 협곡처럼 깊은 잠 속으로 떨어졌다.

알 수 없는 사람의 온기

새벽 5시, 눈을 뜨자마자 텐트 밖으로 나와 아직 남은 달빛을 쳐다보며 옷을 갈아입었다. 희멀건 수프를 들이키고 뜨거운 코카차를 마시고 다시 길 위에 섰다. 일행을 앞세우고 한 시간 거리의 플라야 로살리나1,550m로 향했다.

절벽 위에서 가장 안전한 길은 자연의 주름과 깊이를 조절하며 지그재그로 이어지는 길이다. 가파른 자연의 건축물이 인간을 위해 내놓은 안전한 복도다. 지그재그의 리듬이 짧을수록 경사가 급하다. 이쪽을 보고 저쪽을 봐도 낭떠러지다. 절로 조심스러워질 수밖에 없는 이 위험한 길은 잉카인의 피와 땀이 만들어냈다.

이 길의 매력은 단연 협곡의 깊이가 자아내는 짜릿함에 있다. 험한 자갈길에서 평탄한 오솔길로, 그리고 플라야 로살리나로 길게 이어진다. 아푸리막 강줄기가 손에 잡힐 듯하다. 잉카 트레킹에서 만나는 강줄기는 모두 하늘의 신전, 설국에서 흘러내리는 신의 물줄기다. 안데스의 모든 강은 설산에서 시작해 아마존 밀림으로 흘러들어간다.

여행자의 쉼터 플라야 로살리나에 유럽의 여행자들이 어슬렁거린다. 녹색의 골판지붕을 인 돌집과 작은 마당, 이곳에서 가이드 없이 여행하는 이들이 아침을 준비하고 있다. 저만치 걸린 현수교가 강렬하게 다가온다. 하얀 거품을 만들어내며 밀려오는 급물살이 현대식 현수교를 흔들며 지나간다. 아푸리막 현수교는 떠나는 자와 다가서는 자가 서로 손을 잡고 화해하는 곳이자 신의 품에 안기는 관문이다. 현대식 철제 현수교는 밧줄을 꼬아 만든 잉카식 전통 현수교쿠스코 박물관에 전시돼 있다와 재료만 다를 뿐, 그 구조는 별반 다르지 않다. 떨리는 발자국 소리가 마치 대지의 심장이 뛰는 소리 같다.

현수교를 지나 가파른 흙길로 올라섰다. 아푸리막 강줄기가 점점 더 깊어지더니 파란색 지붕의 돌집이 강가에 옹기종기 나타난다. 집들이 장난감처럼 정겹다. 플라야 로살리나에서 산타로사 2.115m까지는 2.8km의 짧은 거리1시간 20분지만, 절벽길에 발을 들여놓는 순간 암벽등반을 하는 기분이다. 절벽을 타고 오르면서 내가 있는 위치를 확인할 수 있는 유일한 방법은 깊어지는 아푸리막 협곡을 내려다보는 것뿐이다. 구불구불한 자갈길은 아무리 올라도

아푸리막 현수교.

제자리걸음처럼 느껴진다.

무심히 절벽을 오르다 고개를 돌리는 순간, 일행이 현수교로 다가오는 모습이 보인다. 손을 흔들며 무슨 말인가 하지만 들리지 않는다. 그들이 현수교 앞 작은 오두막에 모여 있는 것을 보는 순간 아차! 초케키라우 입산자라면 꼭 해야 하는 서명을 놓친 것이 떠올랐다.

돌아서기에는 협곡이 너무 깊다. 길 건너에서 바라볼 때는 그렇게 아름다운 지그재그 절벽 길이건만 막상 기어오르니 층이 표시되지 않는 비상 계단을 오르는 기분이다. 현실과 이상의 차이를 이보다 더 실감나게 느낄 수 있을까. 마음과 발걸음이 안데스의 콘도르와 거북 사이를 열심히 오간다. 잉카의 길은 결코 정지하는 법이 없다. 끊임없이 현재를 밀어내며 미래로 날아가는 콘도르다.

거친 숨이 단단한 벽돌처럼 굳어질 무렵 산타로사에 왔음을 알리는 녹슨 간판이 삐딱하게 나타났다. 아푸리막강에서 마람파타 3.003m로 오르는 중간 지점에 산타로사가 걸려 있다. 윗마을, 아랫마을로 나뉜 산타로사는 안데스의 정거장이다. 절벽 길에서 만난 간판에서 알 수 없는 사람의 온기가 묻어 있다.

간판 뒤로는 자유 여행자의 캠핑장으로 보이는 파란 잔디 마당이 단을 이루고 있다. 조금 다가서자 오른쪽 비탈에는 석축이 허리높이로 쌓여 있고 그 위로 초가집이 낮게 서 있다. 어설픈 박공초

가지붕 아래 대나무 벤치에 그림자가 드리워졌다. 발걸음이 저절로 움직이더니 엉덩이를 벤치에 내려놓는다. 잠시 거친 숨을 고르는데 잉카 여인이 웃으며 나타난다. 그녀의 거친 손이 어두운 벽장에 가지런한 생수병을 가리킨다.

물줄기가 쏟아지는 소리에 귀를 쫑긋 세웠다. 좁은 마당 위로 층층이계단식 석축이 쌓여 있고 그 사이로 작은 물줄기가 흘러내린다. 찬물에 머리를 박는 순간, 숯불에 타들어가던 쇠붙이를 찬물에 담그는 게 이런가 싶다. 6,000m 고지 살칸타이 설산에서 흘러내리는 물줄기는 차고 투명했다.

잉카 여인의 딸로 보이는 소녀가 생수병을 들고 다가온다. 사람을 그리워하는 소녀의 눈이 설산의 물줄기처럼 맑고 선하다. 4,000m 높이의 절벽을 타고 오르면서 진이 빠져버린 몸에 다시 기운이 불끈 솟는다. 앞으로 더 올라야 할 900m를 놓고, 가파른 절벽 길에서 잠시 숨을 고를 수 있다는 것만으로도 행복하다.

지그재그의 절벽길을 몇 번 돌아서자 산타로사 윗마을이 언덕 위에 반쯤 올라타고 있다. 마을이라고 해봐야 몇몇 작은 집이 야영장을 끼고 있는 것이 전부지만 사람의 온기가 있다는 것만으로도 마음이 따뜻해졌다.

끝없는 수직 절벽

중국이 낳은 가장 위대한 문학가이자 사상가인 루쉰1881~1936이 쓴 『고향』의 글귀가 아른거린다.

> "희망이란 것은 본래 있다고도 할 수 없고, 없다고도 할 수 없다. 그
> 것은 마치 땅 위의 길과 같은 것이다. 사실 땅 위에는 본래 길이 없었
> 다. 걸어가는 사람이 많아지면서 곧 길이 된 것이다."

머리 위로 코빼기도 보이지 않는 마람파타는 은하수의 신전일까. 해발 3,000m, 절벽 위에 자리한 마람파타로 오르는 구름사다리만 덜컹거린다. 플라야 로살리나는 이제 그 흔적조차 보이지 않는다. 병풍처럼 곧추선 절벽에도 주름이 있고 그 사이로 어김없이 물길이 흐르고 사람이 살고 있다. 이 절벽은 굽이져 흐르는 아푸리막강의 뱀잉카 지하의 신이 용이 되기 위해 기어오르는 길처럼 보인다.

거대한 절벽을 타고 오르는 수직의 길은 고대 이집트인이 천국으로 오르는 길로 믿었던 피라미드의 가파른 사면 같다. 그러나 이 길은 자신을 높이기 위해 인간의 노동력으로 돌을 쌓아올리지도, 특별한 사람만이 올라가도록 제한하지도 않았다. 누구에게나 말없이 하늘로 올라가라고 할 뿐이다. 잉카 제국 시대 초케키라우로 이어진 거친 오솔길을 걸어가는 사람은 침략자가 아니면 순례자

들뿐이었을 것이다.

초가집 몇 채가 서로 등을 기대고 있는 산타로사 윗마을을 지나치는 순간 깊은 숲이 다시 하늘을 가렸다. 깊은 절벽 속으로 시간을 벗어던지는 듯하다. 구불구불한 절벽길의 모퉁이를 돌아서자 작은 물줄기가 흐른다. 돌진하듯 물줄기에 머리를 들이밀었다. 그 순간 두려움과 절망의 앙금이 사라진다. 설산의 물줄기에 머리를 적시는 순간 안데스의 품에 안긴 것 같다. 머리를 세우고 한발 물러설 즈음 어마어마한 짐을 진 말 한 마리가 헉헉거리며 올라오더니 내 엉덩이를 스치듯 물줄기에 곧장 머리를 박는다. 벌컥벌컥 물을 마시고는 꿈쩍도 하지 않았다.

구불구불한 절벽을 벗어나자 이제 키 낮은 녹음이 경사지에 누워 있다. 앞으로 얼마나 더 가야 정상에 도달할 수 있을지, 끝을 알 수 없는 이 길에서 희망과 절망이 비틀거린다. 그 순간 목을 기린처럼 세우고서 긴 다리로 성큼성큼 걸어 내려오는 한 여행자가 나를 보더니 혼잣말처럼 "이 길은 결코 끝나지 않는 길"이라며 속삭인다. 정말 딱 맞는 말이다.

수직으로 900m를 오르는 길은 수평으로 9,000m를 가는 것보다 길고 지루했지만 호기심을 꺾을 수는 없다. 희망이 소거돼버린 절벽길에서 인간은 본능에 의지하게 된다. 지그재그로 꺾이는 지점마다 어김없이 엉덩이를 내려놓고 시간을 깔고 앉아 바람을 맞는

구불구불 이어지는 수직 절벽길.

다. 심장의 벌렁거림이 이마에 걸리고 허파의 가쁜 숨이 코에 걸리지만 한발 한발 리듬을 타며 앞으로 나아간다.

안데스의 길은 침묵의 발바닥으로 하늘을 당기며 신으로 다가서는 길이다. 그리스 파르테논 신전의 지붕을 장식한 페디먼트그리스 신전 건축의 가장 두드러지는 특징으로 일반적으로 조각을 하고 세 꼭지에는 장식적인 벽돌을 붙인다가 신으로 향하는 사다리지만 정작 사람은 올라갈 수 없다. 그러나 이 절벽길은 아주 천천히 자신의 품을 내 다리에게 내어주고 있다. 사람이 오를 수 있는 사다리는 신의 선물임에 틀림없다. 이 고개를 넘을 수 있을까. 내가 오르고 있다는 것을 확인해주는 것은 흔들리는 그림자뿐이다.

팀의 요리사가 나귀를 앞세우고 나를 앞지르며 이제 조금 남았다고 위로한다. 그 위로가 현실이 되기에는 절벽은 여전히 높고 숲은 아득히 깊고 하늘은 질리도록 파랬다. 가파른 절벽길은 천국의 문턱으로 오르는 사다리다. 조신하게 고개를 누그러뜨리는 순간 거짓말처럼 개울이 흘러내린다. 지친 몸이 낮은 물살을 파고들어 한바탕 물장구를 치고 나서야 마음이 후련해진다.

마람파타라고 쓰인 간판이 길고 긴 절벽길의 끝을 당기고 있다. 막혀 있던 혈관이 뚫리는 상쾌함! 천국의 문을 열고 다가서는 순간 거짓말처럼 초원이 수평선을 그리며 펼쳐진다. 아푸리막강에서 1,300m 수직 상승한 절벽에 걸린 바람의 신전, 마람파타는 신이 사는 설산 아래 인간이 잠들 수 있는 마지막 장소다.

갑자기 쪽빛 하늘이 구름 뒤에 숨더니 사방천지가 시무룩해진다. 지친 육신을 소독하려는 듯 갑자기 맹렬한 바람이 몸을 훑는다. 안데스 신의 영접이 끝나기가 무섭게 구름이 사라지더니 파란 하늘이 심해처럼 깊어진다. 대자연의 범상함을 넘어 마침내 성스러움으로 숙연해졌다.

길 아래 계단식 밭에는 잉카의 청년이 여분의 흙집을 짓고 있다. 그들의 얼굴은 비록 햇빛에 그을려 붉게 탔지만 야마의 눈을 닮은 그의 선한 눈에서는 금방이라도 안데스의 바람 냄새가 날듯하다. 밀짚을 골고루 섞은 검은 진흙을 나무틀에 넣고 찍어낸 단단한 흙벽돌이 차곡차곡 쌓아올려진다. 그 위에 나무 서까래가 올라간다. 한쪽에서는 벽돌을 쌓고 한쪽에서는 장정 두서넛이 열심히 흙을 비빈다. 잉카의 어도비 집은 박공지붕과 벽이 만나는 곳에 보를 올리지 않고 바로 서까래를 올렸다. 나무가 귀한 곳이라 흙벽으로만 수평 보를 대신한다. 뒤로는 곧추선 살칸타이 설산 자락이 구름 사다리를 놓고, 앞으로 까마득한 협곡이 아푸리막 강줄기로 미끄러진다. 온 천하가 발아래 깊은 바다처럼 조용하다.

안데스의 바람은 쉴 새 없이 분다. 나는 양손을 대지와 나란히 하고 잉카의 바람을 겨드랑이 사이로 통과시킨다. 그 순간 내 몸은 바람을 타고 콘도르처럼 날아오른다. 내 영혼은 잉카의 콘도르가

되어 절벽을 타고 날아가고 있었다.

〈은둔의 땅, 무스탕〉에서 스님이 떠돌이 마부에게 한 말이 아른거린다.

"바람에겐 동서남북이 없어. 바람은 하늘이 숨을 쉬는 것이란다. 사람의 몸을 봐도 어떤 날은 불편하고, 어떤 날은 편하지 않느냐. 마음이 맑고 깨끗해지면 몸도 잔잔해지는 것과 똑같지. 하늘이 거친 숨을 쉬는 것이 바람이다."

길 아래쪽 캠핑장에는 길에서 만났던 젊은 마부가 물을 마시고 있고, 곳곳에는 등산복 차림의 여행자들이 널브러져 있다. 젊은 마부가 반갑게 손을 흔들며 박공지붕의 작은 흙집으로 인도한다. 산비탈에 걸터앉은 함석 골판지붕이 제살을 태우듯 은빛으로 빛난다. 저멀리 초케키라우가 살짝 허리를 드러내고는 그림자 속으로 사라졌다 나타나기를 반복한다. 해발 3,000m 산꼭대기에 기대어 살아가는 인디오는 신의 아들이다. 도시로 나가기 위해서 하루해가 짧게 산길을 오르내려야 하는 그들이 바로 신선이다.

흙으로 지은 오두막집 옆에 낮은 단을 두른 샤워실이 붙어 있다. 옷을 벗어 창문턱 위에 가지런히 올려놓고 샤워 꼭지를 트는 순간, 안데스의 하늘에서 찬물이 새는 것처럼 맑은 물줄기가 차갑게 흘러내린다. 순간 덜덜덜 이가 사정없이 부딪친다. 살칸타이 봉우리에서 흘러내린 물줄기에 살얼음이 섞여 있다. 설산이 처음으로 허락한 이 물줄기에 잉카의 제사장이 될 뻔했다.

젖은 몸을 안데스의 햇살에 맡기며, 짐 보따리가 널브러진 풀밭에 벌렁 드러누웠다. 한 시간이 훌쩍 지나고 나서야 일행들이 비틀거리며 올라왔다. 그들은 나를 향해 손을 치켜세우더니 합창하듯 "코레아 콘도르"하고 외친다. 가파른 절벽을 콘도르처럼 날아올랐다고 감탄한다. 그러나 그 말은 틀렸다. 한발 한발 신전을 오르는 사제처럼 발걸음을 옮기며 마음으로 안데스의 절벽을 날았을 뿐이다.

늦은 식사를 물리고 꿀맛 같은 잠속으로 빠져들 무렵 일행 중 한 명이 다가와 초케키라우 전망대에 가자고 한다. 가파른 내리막 길이 기다리고 있다. 안데스의 절벽을 끼고 줄넘기하는 기분으로 걸었다. 신의 은총이 내 발 아래에 머무르고 있다. 저만치 따라오는 다른 이들을 뒤로하고 절벽의 풍광에 먼저 빠져 걸었다.

산허리를 돌아서자 전망대가 테라스 위에 성큼 올라타 초케키라우 산등성이를 바라보고 있다. 그 앞으로 국립공원임을 알리는 표지석이 초케키라우 방향으로 서 있다. 산등성이에 작은 띠처럼 낮게 깔린 초케키라우를 바라보다 내일 아침을 기약하며 돌아섰다.

같이 가자고 부추긴 세 사람은 끝내 나타나지 않았다. 야영장으로 돌아오자 야외 식탁에 둘러앉은 일행이 손을 흔든다. 잉카의 바람은 어둠 속으로 사라지고 세상은 고요해진다. 안데스의 대자연은 시간을 잃어버린 듯 눈을 감는다. 천연의 고요함, 황량함 속에 대자연의 위대함을 느끼는 순간 마음속의 희열이 차오른다. 부드럽고 청명한 바람. 가만히 앉아 있는 것만으로 안데스 신과 함께 있는 듯이 감사하다. 그 순간 나는 안데스의 품에 안긴 나그네다. 밤하늘에 걸린 은하수가 금방이라도 뚝뚝 떨어질 것만 같다. 은하수의 세례가 쏟아진다. 알퐁소 도테1840~1897의 별보다 수천 배는 더 선명한 은하수가 찬란하게 빛의 화살을 쏘고 있었다.

쏟아지는 은하수 세례

새벽 5시, 텐트의 지퍼를 여는 순간 안데스의 별이 쏟아진다. 어두운 움막에서 아침 수프를 먹지만 마음은 은하수에 가 있다.

오늘은 초케키라우를 돌아보고 마람파타로 돌아와 점심을 먹은 다음 가파른 절벽길을 내려가 아푸리막강을 가로질러 치키스카로 돌아가는 바쁜 하루다. 산등성이를 돌아서자 구름에 반쯤 가려진 초케키라우가 언덕 위로 살짝 허리를 드러낸다. 어제 신기루 속에서 보았던 초케키라우가 말끔하게 샤워를 마치고 기다리는 듯하

길 왼쪽 경사지에 동물 모양의 테라스가 펼쳐져 있다.

다. 프랑스계 페루 독지가의 도움으로 초케키라우가 개발됐다며 가이드가 자랑스럽게 설명한다. 초케키라우 유적지 아래 보이는 울긋불긋한 야영장을 가리키며 조만간 저 야영장도 마람파타 쪽으로 이전할 계획이라고 한다.

전망대를 벗어나 산허리를 돌아서자 마주 보이는 초케키라우 산등성이에 거대한 동물 모양의 테라스가 불쑥 나타났다. 보자기를 펼쳐놓은 듯 테라스가 기하학적으로 누워 있고, 그 앞으로 작은 폭포가 흐른다. 하늘 아래 첫 길이 있다면 그것은 초케키라우로 향하는 이 길일 것이다. 산허리를 돌아설 때마다 한 품 가까워진 테라스가 속살을 조금씩 드러낸다. 산비탈에 펼쳐진 테라스는 거대한 퓨마가 숲을 가로지르며 달리는 것 같다.

가파른 절벽에 이 거대한 테라스를 만든 이유는 무엇일까. 협곡의 테라스가 짙은 그림자를 드리우며 마치 이중섭1916~1956의 그림 〈황소1953〉처럼 입체적으로 다가온다. 테라스의 석축 길이와 넓이와 각도에 따라 그로테스크한 그림처럼 보였다. 두 개의 다리처럼 보이는 아래쪽 테라스의 석조 건축물에서는 어떤 의식을 치렀을까.

개울 위에 놓인 작은 다리를 지나는 순간 테라스는 꼬리를 감추고 절벽 뒤로 숨었다. 길은 세 갈래다. 아래쪽 길은 테라스와 야영장으로, 직진하는 길은 초케키라우 유적지로, 오른쪽 산허리로 오르는 길은 야나마 설산 계곡으로 이어진다. 때마침 나귀 세 마리에 짐을 나눠 실은 잉카 마부 뒤로 여행자 셋이 무거운 배낭을 메고 야나마로 향하고 있다. 초케키라우를 지나 야나마 설산 계곡을 통해 마추픽추에 이르는 8박 9일간의 트레킹에는 유럽 여행자 뿐이다. 그들은 살칸타이 산맥의 협곡을 따라 마추픽추에 이르는 안데스의 절경을 따라 바쁘게 걷고 있다.

허리 높이의 나무 게이트를 지나 숲길을 가는데, 저만치 석축 앞으로 평탄한 길이 나타난다. 절벽길을 따라 험난하게 도달할 수밖에 없는 초케키라우를 에스파냐 침략자는 황금 보물이 숨겨진 신

초케키라우로 진입하면 펼쳐지는 풍경. 저 멀리 봉긋한 언덕 위에 우스누가 보인다.

전으로 착각했다. 석축 앞으로 테라스가 길게 펼쳐지고 오른쪽으로 산등성이를 따라 갖가지 모양의 돌을 가지런히 쌓아놓은 벽체가 성큼 모습을 드러낸다.

오른쪽에 나무 두 그루가 유적의 일부처럼 서 있고, 길게 흐르는 테라스 끝에 초케키라우 우스누 언덕이 봉긋하게 도드라져 있다. 잘 다듬어진 3단의 석축 아래쪽 테라스 길에는 푸른 풀밭이 우스누로 이어진다. 석축 사이마다 수직으로 놓인 계단이 테라스와 테라스를 연결하지만 사람이 오르기에는 너무 거칠다.

테라스가 끝나고 오르막길에 접어들면 아래쪽 내리막길은 피키와시 방향이고, 오른쪽 오르막길은 초케키라우 광장을 가리키는 표지판이 있다. 초케키라우로 가는 마지막 계단을 오르자 오른쪽으로는 고지대로 향하는 언덕이, 왼쪽으로는 우스누 앞을 지키는 승리의 벽이 V자를 그리고 있다. 마침내 잉카의 신전에 도착했다.

황금 요람의 신전일까

"우리는 그 멀고 험한 길을 함께 헤쳐왔고 앞으로도 함께 갈 것을 맹세했다. 그 맹세가 하나둘씩 무너져 내릴 때마다 나는 치밀어 오르는 배신감보다는 차라리 가슴 저미는 슬픔 느낀다…"

체 게바라1928~1967의 시,《먼 저편》의 글귀는 초케키라우를 두고 한 말인 듯하다.

오늘날 여행자가 오르는 출입구는 잉카 시대의 출입구가 아니다. 에스파냐 정복 군대가 초케키라우를 물어뜯고 버려놓은 유적지를 최근 성글게 복원해놓았다. 하지만 그 흔한 석조 대문 하나 남아 있지 않다.

마추픽추가 밀림 속에서 깊은 잠을 자는 사이 초케키라우는 갈기갈기 찢겨지며 만신창이로 버려졌다.

초케키라우는 케추아어로 '황금의 요람'이라는 뜻이다. 오늘날 유적은 산등성이 위에 쟁반처럼 박혀 있는 고지대 유적지와 그 아래 오각형 광장을 둘러싼 저지대 유적지로 나뉜다. 고지대와 저지대 유적지가 다른 잉카의 유적처럼 완벽한 기하학적 테라스 체계로 연결돼 있지는 않다. 산마루에 뚝 떨어져 서로 딴청을 부리고 있다. 고지대를 '아난', 저지대를 '우린'이라고 부른다고 해서 퓨마 형상의 쿠스코가 떠올랐다. 하지만 저지대 유적지 남쪽으로 봉곳하게 솟아오른 우스누를 퓨마의 머리라고 가정할 때, 저지대와 고지대로 이어지는 형상은 지나치게 길어서 퓨마를 상상하기 어렵다. 그보다는 일련의 유적지를 멀리서 바라보면 야마가 길게 목을 빼고 누워 있는 형상에 가깝다.

고지대 유적지가 층을 달리하며 박혀 있다. 가장 꼭대기 산등성이에 자리한 신전 건물 앞에 작은 광장이 있고, 광장을 중심으로 우물, 통로, 계단이 서로 높이가 다른 두 유적지를 묶어준다. 고지대 유적지는 상, 하 두 블록으로 엮여 있지만 누가 봐도 하부 건물은 상부 신전의 부속 건물임을 알 수 있다. 고지대의 상부 건물은 퓨마의 주둥이가 물을 마시듯 설산에서 흘러내려오는 물줄기가 관입되는 수로를 중심으로 좌우에 놓여 있다. 신성한 의식 공간이었을 것이다. 물줄기는 의식용 신전을 가장 먼저 통과하고 전면 광장 동쪽으로 난 수로를 따라 오각형 광장의 샘으로 흘러내린다.

고지대 유적지 앞 접시마당 남쪽 끝에 여러 개의 의식용 방이 마당 선에 지붕 높이를 맞추고 서쪽 절벽에 기대어 있다. 광장보다 한 품 낮게 자리한 건물은 서쪽 절벽을 끼고 계단으로 내려가게 돼 있다. 진입 축만으로도 상부 신전의 부속 건물임을 알 수 있다. 학자들은 이 건물이 다양한 미라의 안치 장소로 사용됐던 것으로 추정한다. 풍요 의식과 물 숭배 의식에 사용됐을 것으로 보이지만, 각 공간의 자세한 용도는 밝혀지지 않았다. 이곳에 서면 우스누가 오름처럼 내려다보이고 동서남의 절경이 한눈에 펼쳐진다.

고지대 유적지 작은 광장 동쪽 수로 아래 잘 마름질된 낮은 벽체가 마치 로마의 수도교처럼 우뚝 서 있다. 건물과 건물이 어깨를 마주하고 직선으로 연이어 서 있어 강한 직선의 축이 강조된다. 높고 긴 벽체는 그림자를 두르고 무표정하게 산등성이를 가로지르고,

고지대 유적

끊어진 계단

말라버린 수로 ▶

최고 권력자의 공간

보좌하는 공간

오각형 광장

조상에게 제물을 바치는 벽

우스누에서 바라본
초케키라우

초케키라우는 크게 산등성이 위에
고지대 유적, 오각형 광장을 품은
저지대 유적으로 구분된다. 고지대와
저지대 사이의 경사지에 중간에 끊어진
계단식 테라스가 있다. 두 유적지는
유기적으로 연결돼 있지 않고,
떨어져있다. 다만, 수로가 이어져 있다.
아쉽게도 현재 물은 흐르지 않는다.

질서정연하게 뚫린 창문으로는 햇살이 길게 늘어진다. 강력한 직선 축을 이룬 벽체가 여러 개의 직사각형 방을 품고 동쪽 사면으로 경사 지붕을 이루고 있다. 지붕조차 상부의 신전을 향해 예를 표시하는 듯한 모습이다. 세련된 이 건물이 초케키라우 유적지에서 가장 도드라져 보인다. 통으로 비어 있는 넓은 공간은 다목적 용도로 사용됐을 것으로 짐작하지만, 내부에 특별한 흔적은 남아 있지 않다. 신전의 의식에 참여하는 사제와 귀족의 거처라는 주장도 있지만, 잉카가 남긴 이 공간은 말이 없다.

그 앞으로 한 단 낮게 긴 직사각형 건물이 산등성이에 길게 앉아 있다. 케추아어로 카양카직사각형 형태의 건물로 잉카의 건축 구조에서 많이 나타나는 양식라고 불리는 이 건물은 긴 벽체가 좁은 폭의 공간을 감싸고 있다. 기차의 선로처럼 달리는 무심한 벽체는 동쪽으로 가지런하게 뚫린 창문을 통해 어두운 바닥에 빛의 선을 그린다. 이곳의 방은 사람이 살기에는 그 폭이 턱없이 좁아 군사용으로 사용됐다는 주장과 상부 종교 시설에 관련된 의식용 부속실이라는 의견이 맞서지만, 어느 것이 사실인지 확인 할 수 없다. 종교 의식용 부속 창고거나 미라 숭배 장소라는 추정은 잉카 문화에 바탕을 둔 해석이다. 자세히 살펴보면 창문의 인방기둥과 기둥 사이에 건너지르는 가로재를 말한다. 기둥을 상중하에서 잡아주는 역할을 하는 보을 돌이 아니라 시멘트 콘크리트로 급하게 마무리했다.

고지대

작은 광장이 있으며, 이곳을 가로지르는 수로가 있다.
이 수로는 저지대로 연결된다. 잘 마름질된 낮은 벽체가 마치 로마의
수도교처럼 우뚝 서 있다. 건물과 건물이 어깨를 마주하고 직선으로
연이어 서 있다.

01

02

03

01 고지대에서 아래를 바라본 모습. 왼쪽으로 최고 권력자의
공간이 보이고 그 옆으로 연이어 오각형 광장. 조상에 제물을
바치는 벽. 언덕 위 우스누가 보인다.

02 직선 축을 이룬 벽체가 여러 개의 직사각형 방을 품고 동쪽
사면으로 경사 지붕을 이루고 있는 건물.

03 말라버린 물줄기.

고지대 유적에 있는 건물들
정확한 용도를 알 수 없다,
잉카가 남긴 이 공간은
말이 없다,

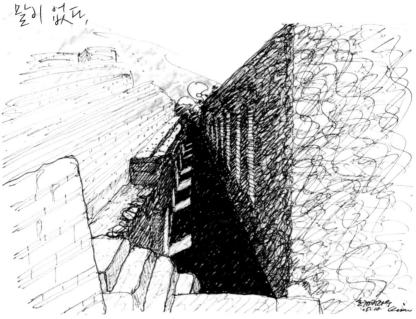

고지대 유적지의 신전을 관통하는 샘물은 숲에 내린 이슬이 만들어내는 물길이었다. 하지만 오늘날 그 물길은 끊어지고 마른 향기만 남았다. 아마 산기슭 안개 속 이슬 방울과 설산에서 흘러내리는 작은 물줄기가 이리저리 모여 수로로 연결됐겠지만 오랜 시간 관리가 되지 않아서 수로에 물이 흐른 흔적을 찾을 수 없다. 마른 수로에 신성한 물이 흐르는 순간 초케키라우는 마침내 잉카의 문화로 되살아날 것이다.

고지대 유적지 아래에는 저지대 유적지로 떨어지는 발코니 모양의 계단이 박혀 있다. 사람은 한 번에 올라서기 버거운 높이다. 이 거대한 계단 양옆에 둔탁한 벽이 있고 거기에 사다리꼴의 작은 벽감이 설치돼 있는데, 종교 의식에 사용됐을 것으로 추측한다.

이 거대한 석조 계단은 사람이 밟고 오르내리는 용도가 아니라 안데스의 신이 오르내리는 의식용 구조물로 보인다. 저지대의 왕궁까지 연결되지 않고 중간에 끊어져 산허리에 붕 떠 있다. 건축

하늘에 떠있는 듯한 발코니 모양의 계단.

학적으로 보자면 왕궁의 부속 건물과 이어져야 공간상 완결된 모습일 것이다. 도대체 산허리에서 끊어진 이 거대한 계단은 무슨 용도였을까.

이곳은 왕궁이었을까

마른 수로를 따라 산등성이를 내려오면 오각형 형태의 광장을 품은 저지대 유적지에 이른다. 고지대와 저지대 유적지는 꽤 멀리 떨어져 있다. 오각형 광장에 서면 온몸을 감싸는 아늑함을 느낄 수 있다. 고지대 유적지는 근엄하고 어딘가 모르게 엄숙하지만, 저지대 유적지는 편안하다.

광장의 3면은 건물들로 아늑하게 둘러싸여 있다. 경사가 거의 없는 평지에 가까운 광장과 각각의 건물 접근 동선은 거의 평면적이다. 광장 지하의 배수 시설을 고려하면 건설하는 데 아주 많은 정성을 쏟은 흔적이 보인다. 이 광장을 처음 본 순간 아주 특별한 종교 의식용으로 사용되었을 것이라는 생각이 들었다. 흔히 군사적 목적이나 감옥, 집, 작업장으로 쓰였을 것이라고 주장하는 잉카 광장과는 달랐다.

북쪽에는 2층 구조의 건물 세 채가 연이어 자리해 강력한 메타포를 풍기고 있다. 『DISCOVERING MACHU PICCHU』에서 고고학자는 건축적으로 훌륭하게 마감된 이 세 채의 건물이 궁전이었을 것으로 추정한다. 한눈에 봐도 이곳의 구조와 규모와 장식은 최고 권력자의 공간이라고 말하고 있다. 배치상으로도 광장을 지배하고 있는 유일한 건물이다. 건물 동측으로 별도의 출입구가 나 있고, 각 건물마다 동쪽 벽에 기대 나무 계단을 설치했던 2층 계단참이 캔틸레버한쪽 끝은 고정되고 다른 끝은 받쳐지지 아니한 상태로 있는 보로 돌출해 있다. 건물 2층에도 벽에 정교한 벽감을 따로 설치한 점을 볼 때 사람이 거주하던 곳으로 보인다.

이것만으로도 이 건물에 상당히 공을 들인 것을 알 수 있다. 대단히 중요한 인물이 살았던 공간으로 짐작된다. 전면 광장을 향한 두 개의 출입문 사이에는 벽감이 있고, 그 벽감 안에 아름답게 장식된 작은 창문이 나 있다. 아마 내부에서 광장을 엿보기 위한 창문으로 보인다. 광장을 향해 열린 좌우의 문은 오로지 1층 출입을 위한 용도로 쓰였다. 2층으로 가려면 동쪽 별도의 입구로 들어가 나무 계단을 이용한다. 2층 동쪽의 출입구도 보통의 문과 다르게 이중 사다리꼴 모양의 문설주로 장식돼 있다.

비슷한 모양의 건물이 줄지어 세 채나 있는 이유는 무엇일까. 광장과 마주한 건물에 왕이 거주하고 그 뒤의 건물에 왕비와 후궁이 살았을까. 잉카의 왕은 많은 여인을 거느렸다. 1층으로 들어가는 문과 2층으로 들어가는 문이 구분돼 있고, 2층으로 오르는 계단은 외부에 별도로 설치돼 있다. 이를 통해 볼 때 특별한 신분의 사람이 위계에 따라 살았다는 것을 짐작할 수 있다.

궁전의 동쪽에 면해 카양카로 보이는 긴 직사각형 건물이 있다. 카양카에는 여섯 개의 출입문이 있고, 내부에는 많은 벽감이 있다. 이 건물 북쪽 뒤에는 궁전과 카양카를 위한 부속실로 사용됐을 것으로 보이는 일련의 건물이 무너진 채 그 흔적만 남아 있다.

궁전의 서북쪽에도 외벽에 네 개의 출입구가 있고 출입구 사이에 각각 벽감이 놓인 카양카가 있다. 옆에서 보면 출입구가 연속적으로 나 있다. 카양카의 내부 벽에는 출입문 크기의 벽감 세 개가 있고 그 속에 다시 작은 벽감이 겹으로 장식돼 있다. 그 사이에도 작은 벽감이 균형 있게 박혀 있다. 이 벽감의 용도는 미궁에 빠져 있지만 궁전과 밀접한 관련이 있는 게 분명하다. 벽감은 중요한 물품, 혹은 신상을 놓은 공간일 수도 있다. 배치 구조로 보면 카양카가 왕궁을 보좌하는 공간으로 추측 가능하다. 또는, 왕국의 제사장을 비롯한 고위관료, 학자, 장수의 거주 공간일 수도.

카양카의 남북 방향 벽에는 각각 출입문 크기의 벽감 세 개가 있고 그 안에 작은 창문 크기의 벽감이 2중으로 장식돼 있다. 서쪽 벽에는 잘 정제된 일련의 벽감이 있다. 내부 벽 상부에는 돌출된 원형 봉이 질서정연하게 자리잡고 있다. 원형 봉은 지붕을 고정하기에는 지나치게 낮아서 정확한 용도를 알 수는 없지만 내부에서 특별한 물건을 걸었을 것으로 추정할 뿐이다.

광장의 남쪽에는 세 개의 건물 벽이 비정형으로 서쪽 절벽 가까이 서 있다. 그중 하나는 반원형이다. 잉카 시대에 초케키라우 고지대의 신전으로 유입된 신성한 물줄기는 긴 수로를 통해 흘러내려 세 개의 건물을 통과한 다음 가장 서쪽에 자리한 의식용 샘에 도달했다. 이 건물의 정확한 목적은 알려져 있지 않지만 이 공간에서 제사장들이 땅의 풍요를 비는 것과 관련 있는 물 숭배 의식이 진행됐을 것이다.

초케키라우의 진실은 비밀에 싸여 있지만 독특한 형태와 공간이 가파른 산비탈에 기하학적인 질서로 박혀있다. 오늘날 각 공간의 기능은 제대로 알 수 없다. 다만 구조와 디테일을 살펴보면 각각의 공간 기능을 미루어 짐작할 수 있다. 고대로부터 건축가는 목적을 초월하는 공간을 최신 공법으로 조영하는 예술가들이었다. 잉카의 건축술이 뛰어난 이유는 청동기 시대 도구와 사람의 손만으로 톱날처럼 가파른 산정에서 석재를 채취하고, 옮기고, 재단해 신전과 궁전을 쌓아올렸기 때문이다. 잉카의 건축은 돌을 다루는 정교한 기술과 상상력이 응집된 기념비다. 잉카 건축가에게 상상력이란 그들의 신을 섬기고 왕의 권력을 공고히 하는 신성을 독창적인 공간에 담아내는 그릇이다. 산비탈에 곧추 서 있는 초케키라우 유적을 바라보고 있자면 잉카인들이 믿었던 신과 신의 아들인 왕의

저지대

오각형 광장을 품고 의식용 샘이
있다. 시선을 사로 잡는 건물은 최고
권력자의 공간으로 추정되는 곳이다.
바로 옆으로 한 채의 건물이 나란히
배치돼 있다.

01

03

01 최고 권력자의 공간 바로 옆에 있는 건물.
02 고지대 유적에서 흘러내린 물줄기가 오각형 광장의 서쪽 의식용 샘으로
   들어온다. 현재는 물이 모두 말랐다.
03 최고 권력자의 공간, 이른바 왕궁으로 추정되는 건물.

위엄이 손에 잡힐 듯하다. 신성을 부여하기 위해 목숨을 걸었던 잉카 장인들의 초인적인 열정, 초케키라우는 수많은 장인들의 무덤 위에 올라타고 있는 돌의 꽃이다.

조상에게 제물을 바치는 벽

오각형 광장에서 남쪽의 우스누로 향하는 길목을 지키는 건물은 승전벽으로 불린다. 광장과 마주하면서 조금 높은 곳에 위치한 승전벽은 작은 공터를 안고 저지대 유적지와 고지대 유적지를 바라보고 있다. 1850년 탐험가 사르티헤스1809~1892가 이름 붙였지만, 잉카 시대의 이름과 기능은 알 수 없다. 이곳을 연구한 고고학자와 탐사원은 '조상에게 제물을 바치는 벽'으로 부르기를 더 좋아한다. 의식을 올리는 장소인 우스누가 남쪽 정상에 있기 때문에 승전벽은 의식을 진행하는 데 사용되는 일종의 전실 개념으로 여긴 것이다. 우스누로 향하는 동쪽 출입문은 특별히 낮고, 네 개의 벽감을 가진 거대한 벽은 지면의 높이가 서로 다르다.

　모든 문과 벽감은 사다리꼴 형상이다. 많은 의문이 있지만 승전벽은 종교 의식용으로 대단히 잘 지어진 건축물이며, 불가사의한 잉카 건축의 특징을 숨김없이 보여준다. 두 개의 벽감은 출입문으로, 두 개의 벽감은 창문으로 균형 있게 설치돼 있다. 승전벽

조상에게 제물을 바치는 벽. 그 뒤편으로 우스누가 보인다.

의 실제 높이는 다른 건축물에 비해 상당히 높다. 아마도 초케키라우에서 일반적으로 발견되는 2층 구조의 건물 높이로 벽을 쌓았을 것이다. 출입문 반대편에 우스누와 마주한 낮은 벽의 작은 방이 있다. 이 방의 뒷벽에는 여러 개의 작은 벽감이 있는데, 이는 광장에서 벌어지던 의식 활동과 관련이 있었을 것으로 보인다.

승전벽의 동쪽에 낮게 위치한 대문을 지나 계단을 따라 가파른 언덕을 오르면 야외 종교 의식을 벌이던 우스누가 나타난다. 승전벽에서 바라보면 언덕 위로 불쑥 솟아 있지만 고지대에서 바라보면 낮은 언덕 위에 올라탄 둥근 마당이 아푸리막 협곡을 콘도르가 지키는 것처럼 보인다. 종교적, 군사적, 지리적으로 중요한 요충지에 자리한 우스누는 낮은 돌담이 둥글게 둘러싼 광장이다. 우스누에서는 초케키라우의 전 유적지를 한꺼번에 바라볼 수 있다.

또한 쿠스코를 향해 뻗은 안데스 산맥도 바라볼 수 있는 천혜의 요충지다.

우스누의 서쪽 사면에는 야마 테라스가, 동쪽 사면에는 피키와시 유적지가, 남쪽 사면에는 쌍둥이 빌딩으로 불리는 카사사세르도탈 유적지가 있다. 세 유적지는 모두 협곡을 감시하기에 좋은 위치에 있다. 우스누를 내려와 5분 거리에 피키와시가 있다. 제대로 복원되지 않은 거친 상태로 산비탈에 위치한 피키와시의 용도는 알 수 없다. 그러나 아푸리막 절벽을 지키는 요충지라는 것만은 한눈에 알아볼 수 있다.

광장 왼쪽의 의식용 샘으로 불리는 건물 중앙으로 난 계단을 오르면 야마 모양의 돌이 박힌 테라스로 향하는 오솔길이 나온다. 절벽길을 따라 숲을 벗어나자 우스누 서쪽 하부 천 길 낭떠러지 절벽에 층층의 테라스가 수직으로 걸려 있다. 각각의 테라스 돌담에 잉카의 가족이나 다름없는 야마 그림이 여기저기 박혀 있다.

초케키라우가 숨기고 있는 이야기를 야마가 들려줄 것 같다. 야마의 이미지로 도시를 건설한 오얀타이탐보처럼 초케키라우 역시 야마의 형상으로 지어진 것일까. 이 절벽에 테라스를 설치한 목적은 무엇일까.

야마의 갈비뼈처럼 수직으로 깎아지른 테라스 곁으로 난 톱날길을 따라 내려간다. 야마테라스 허리에 섰지만 테라스의 전체적

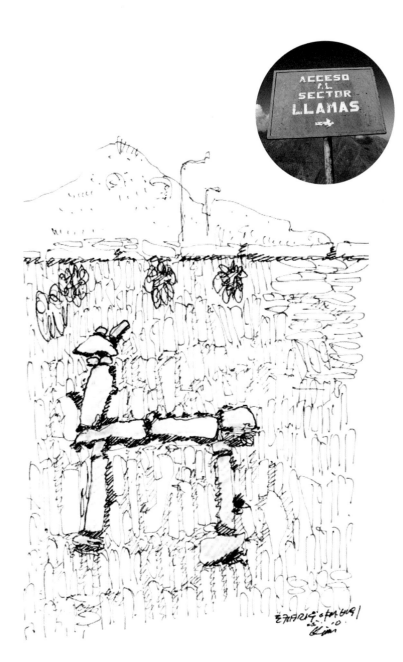

천 길 낭떠러지 절벽에 수직으로 걸려있는 층층의 테라스. 돌담에 야마가 여기저기 박혀있다.

인 경관을 볼 수 없다. 절벽 난간에 나무로 엉성하게 만들어놓은 전망대가 그림자 속에 앉아 있다. 전망대로 걸어가는 길, 덤불 속에는 아직 개발하지 못한 테라스 벽체가 그대로 남아 있다. 그곳에는 야마 모양이 없다. 오늘날 볼 수 있는 야마 모양은 초케키라우 테라스를 복원하면서 새로 만든 것이다.

초케키라우 테라스는 신전에 올리는 음식을 특별 재배하기 위해 만들어졌을까. 아니면 초케키라우 서쪽 자락을 감시하기 위한 수단으로 건설한 것일까.

삶을 돌아보게 만드는 곳

초케키라우의 오각형 광장을 조용히 묵상하듯 한 바퀴 돌았다. 피와 눈물과 죽음을 불사하며 신과 마주하기를 갈망하던 잉카인의 열정이 오롯이 남아 있는 초케키라우는 불꽃처럼 일어나 바람처럼 사라진 제국 그 자체였다.

조용히 광장을 빠져나와 마람파타로 향한다. 마추픽추가 완결된 잉카 유적지라면, 초케키라우는 거친 속살이 너덜거리는 미완의 유적지다. 잉카의 유적지는 눈에 보이는 것보다 보이지 않는 지하에 60퍼센트의 비밀이 숨어 있다고 하는데, 초케키라우는 제대로 복구조차 되지 않았다. 가파른 산등성이에 석축을 쌓고 물길을 내는 토목 공사는 그 자체가 자연재해에 정면으로 도전하는 것이다. 그들의 석축 기술은 단순히 기능에 머무르지 않고 잉카의 상징 체계로 엮여 있다. 정신과 물질, 건축과 예술이 신 앞에서 하나로 융합됐던 초케키라우의 모습은 여전히 베일에 가려져 있다. 오로지 걸어서만 도달할 수 있는 초케키라우가 비밀의 화원처럼 깊은 산속에 홀로 남아 있다.

마람파타에서 늦은 점심을 먹고 곧바로 치키스카로 향했다. 어제는 절벽을 타고 오르며 땅이 꺼져라 거친 숨을 내쉬었는데, 이제는 상쾌한 안데스의 바람을 타고 종이비행기처럼 날아다닌다. 이것이 초케키라우의 매력이다. 초케키라우 트레킹은 지난 삶을 돌아보게 만드는 신의 길이다. 1,300m의 내리막 절벽길은 끝이 없는 추락의 날갯짓이다. 건너편 절벽에 난 톱날길이 눈에 아른거린다.

길은 돌아서면 금방 추억이 되는 야누스다. 오르막길의 하늘은 머리 위에 눌러쓴 철모처럼 무거웠지만 내리막길의 하늘은 출렁

거리는 구름 그네다. 초케키라우 등정에서 내려간다는 것은 곧바로 다시 올라간다는 뜻이다. 아푸리막 강줄기가 훤히 그 모습을 드러내는 순간 현수교가 저만치 손을 흔든다. 어제의 고난이 즐거운 추억으로 마중하는 것이 안데스 길의 매력이다. 오로지 인간의 발로만 오를 수 있는 거친 잉카의 길은 신과 인간을 이어주는 사다리다. 이집트인과 그리스인이 돌로 만든 천국의 계단보다 절벽의 지문 사이로 교묘하게 오르는 지그재그길이 천 배는 더 인간적이다. 가파른 언덕을 오르는 두 시간 내내 물안개가 어둠을 가리고 있다. 그저께 내려올 때는 그렇게도 편하던 길이 오늘 아침 오르는 비탈길은 새롭기만 하다. 아푸리막 협곡에 희뿌연 안개가 밀려왔다.

자갈투성이 산등성이를 오르고 나니 이번에는 누런 잡초가 무성한 비탈을 파고들며 구불구불 이어지는 길이 카풀리욕 정상까지 뻗어 있다. 가다 멈추기를 반복하며 끈질기게 발을 옮기는데, 무거운 짐을 짊어지고 가는 사람이 내 앞에 절뚝거리며 걸어간다. 오늘도 빈 다리로 걸어가며 불평하는 내 앞에서 무거운 짐을 짊어지고도 미소를 보낸다. 승합버스가 몇 시에 떠나느냐고 묻는다. 비용을 아끼기 위해 쿠스코로 떠나는 승합차에 동승하기 위해서다.

카풀리욕 정상 전망대에 도착하는 순간 협곡은 더 깊어진다. 이제 더 이상 오르막은 없다. 그것도 잠시, 30분여의 평탄한 절벽길에도 다리가 사정없이 휘청거린다. 오전 8시가 못 돼 카풀리욕 산장에 도착했다. 그리고 또 두 시간여의 길을 걸어서 베이스캠프인 카초라에 도착했다.

늦은 오후가 지나서야 일행을 태운 승합차가 덜컹거리며 달리기 시작한다. 어둠이 진하게 내려깔린 자정 무렵 쿠스코 레고시오 광장에 이르렀다.

3.

우루밤바강

성스러운 계곡을
품은 곡창 지대

성스러운 계곡 투어의 시작점인 피삭은 쿠스코에서 동북쪽으로
32km정도 떨어진 우루밤바강에 자리한 마을이다. 이
지역은 우루밤바강을 품고서 북으로는 베로니카산5,680m과
사우라시라이산5,818m을 등지고 남으로는 모라이, 마라스, 친체로 등
곡창 지대를 두르고 있다. 오늘날 피삭 마을은 에스파냐 정복 군대가
통제하기 쉽게 들판 한가운데 새로 조성한 곳이다. 잉카 제국의 심장이
쿠스코라면 날개는 우루밤바강을 따라 펼쳐진 거대한 농경지다.
잉카인은 마추픽추를 휘감고 돌아가는 우루밤바강을 은하계의 거울이라
믿으며 '하늘의 강'이라고 불렀다. 우루밤바강을 따라서 다양한 종교적
시설을 세운 이유는 이곳 일대가 제국을 먹여 살리는 곡창 지대였기
때문이다. 해발 3,000m에 이르는 고산 지대에서 성스러운 계곡만큼
기름진 평야는 없었다.

우루밤바

△ 사우아시라이 봉

친체로

피삭

우루밤바 강

쿠스코

잉카의 곡창지대.

하늘의 강을 품은 도시

잉카 제국의 심장이 쿠스코라면, 날개는 우루밤바강을 따라 펼쳐진 성스러운 계곡이다. 중심에는 피삭이 자리하고 있다. 잉카인은 강변의 평평한 옥토뿐 아니라 강 연안의 산비탈까지 석축을 쌓아올려 계단식 경작지를 개척했다. 테라스 가장 아래쪽에 큰 돌을 놓고 그 위로 작은 돌을 쌓아올린 후 그 속에 자갈, 모래, 마지막으로 흙을 채워 농경지를 만들었다.

토양을 비옥하게 만들기 위해 쿠스코에서 멀리 떨어진 해안에서 새의 배설물인 구아노를 가져다 흙과 혼합해 퇴비로 사용했다. 청정 지역을 유지하기 위해 가축이 들어오는 것조차 막았고 오로지 사람의 힘만으로 경작했다. 철이 아닌 나무를 깎아 만든 쟁기의 일종인 농기구를 사용해 땅을 파고 씨앗을 뿌렸다. 오늘날에도 산간 마을의 인디오는 발판부터 손잡이 모양까지 수천 년 동안 조금도 변하지 않은 기구로 농사를 짓는다. 하나부터 열까지 모두 사람의 손으로 친환경 작물을 재배하기에는 계단식 경작지가 안성맞춤이다.

마을에서 조금 떨어진 계곡 윗부분 산등성이에 기대 있는 형태의 피삭 유적지는 크게 상부와 하부로 나뉜다. 테라스가 거대한 소쿠리처럼 박혀 있는 곳이 상부 유적지다. 계곡을 따라 오목한 계단식 테라스 위쪽으로 난 길을 10분 정도 걸어가면 가파른 언덕 위

곤도르 형상으로 만들어진 도시,
퍼삭에 있는 오래된 주택지,

01 유적지 하부에 위치한 인티우아타나. 콘도르의 가슴에 해당한다.
02 상하부 유적을 이어주는 계단식 경작지.

로 망루처럼 솟은 유적지가 나온다. 상대적으로 조악한 마름돌 쌓기로 쌓아올린, 그 자체로 신전의 모습이다. 가파른 계단을 20분 정도 올라가자 계단식 테라스가 한눈에 굽어보이는 전망대가 나타난다.

그러나 정작 피삭 유적지의 장관은 하부 계단식 유적지의 정상에 있다. 상부 계단식 테라스 위로 난 서남쪽 절벽길을 따라 작은 동굴을 지나치자 한눈에 들어온다. 현기증이 날 정도로 아슬아슬한 길을 20분 정도 내려가자 인티우아타나태양을 잇는 기둥로 불리는 태양 신전이 나타난다. 쿠스코 코리칸차의 정교한 돌쌓기만큼이나 정밀한 잉카 신전 유적지가 산등성이에 누워 있다.

붉은 화강석이 기하학적 배치로 놓인 신전은 남북 방향으로 축을 유지하고 있다. 기하학적 평면의 중앙에 자연석을 둘러싼 인티우아타나의 돌기둥은 허물어져 본래의 모습은 사라졌지만 나머지 벽체는 비교적 온전하게 남아 각각의 공간을 장방형으로 나누고 있다. 마추픽추에 있는 인티우아타나처럼 이곳의 인티우아타나도 태양의 절기를 측정하는 천문관측소로 추정된다.

잉카인이 중요한 농경지마다 천문관측소를 하나씩 설치해 절기와 때를 정확하게 확인했다는 증거다. 정교하게 마름질한 돌로 빈틈없이 쌓아올린 인티우아타나. 정교한 돌 블록이 마치 공장에서 마감한 듯 보인다. 조금의 틈도 허락하지 않고 각각의 공간을 에

유적지 정상에 있는 망루. 콘도르의 머리로 볼 수 있다.

워싼 벽체는 모두 사다리꼴로 반듯하고, 출입구 너머로 벽면의 사다리꼴 벽감은 자로 잰 듯 정교하다. 높은 언덕 위에다 치밀하고 정교한 돌쌓기를 했다는 것은 이곳이 잉카 시대에 신성한 도시였다라고 말해주는 증거다.

쿠스코는 지상의 신 퓨마, 피삭은 콘도르, 오얀타이탐보는 야마, 그리고 마추픽추도 콘도르의 형상으로 지었다고 한다. 콘도르 형상의 피삭 유적지를 작은 마추픽추라고 하는 이유는 바로 인티우아타나 유적 때문이다.

마추픽추의 인티우아타나처럼 피아노 크기만한 지주석 위의 돌기둥은 사라지고 없지만, 그 위용만은 그대로 느낄 수 있다. 상부 테라스 정상에 있는 망루 유적지를 콘도르의 머리라고 볼 때 하부 테라스 경작지 상부에 있는 인티우아타나는 콘도르의 가슴에 해당한다.

피삭 마을의 맞은편 절벽에 인공 동굴이 남아 있다. 이 동굴을 잉카 시대의 묘혈이라고 한다. 산 사람의 집과 죽은 자의 집이 마주보고 있는 셈이다. 잉카인은 사람이 죽으면 영혼이 하늘로 간 뒤 나중에 굴이나 샘에서 다시 태어난다고 믿었기 때문에 죽은 자를 태아의 모습으로 떠나보냈다.

마추픽추로 가는 길목

피삭 유적지를 벗어난 버스는 성스러운 계곡을 따라 덜컹거리는데 창밖은 절경이다. 잉카 시대에 신성한 강으로 불리던 우루밤바강이 오랜 세월에 걸쳐 거대한 협곡에 옥토를 실어 날라 넓은 평야를 선물했다. 신성한 계곡이 구불구불 넓은 평야 지대를 길게 안고 나타난다. 그 한가운데 우루밤바 마을에서 버스가 멈췄다. 천장이 하늘로 열린 넓은 식당에 뷔페식으로 페루 전통 음식이 차려져 있다. 닭고기 감자튀김과 신선한 과일이 먹음직스럽다.

또 한참을 덜컹거리고 나서야 마주 보고 있는 가파른 두 산봉우리 사이에 위치한 오얀타이탐보가 나타났다. 이곳은 잉카 시대부터 쿠스코와 마추픽추와 피삭을 이어주는 교통의 요지였다. '탐보'는 잉카 시대의 역찰을 가리킨다. 에콰도르·페루·볼리비아와 칠레 북부에 걸쳐 광대한 영토를 지배한 잉카 제국의 주요 길목을

잉카 시대부터 교통의 요지였던 오얀타이탐보. 곡창 지대인 성스러운 계곡을 지키는 요충지로서 쿠스코 다음으로 중요한 도시였다. 쿠스코와 곧장 도로가 연결됐기 때문에 지배층이 많이 살았다.

지키던 곳에는 어김없이 탐보가 있었다. 그곳에서 낮에는 소라로 만든 푸투투와 거울로, 밤에는 봉화를 이용해 통신했다.

애틋한 전설 하나. 원래 오얀타이는 역찰을 지키던 성주였다. 인티라이미 기간에 오얀타이는 공주를 만나 사랑에 빠졌으나 두 사람은 왕족끼리만 결혼해야 하는 잉카 법에 따라 결혼할 수 없었다. 공주는 쿠스코의 감옥으로 보내지고 귀족 신분이던 오얀타이는 지금의 오얀타이탐보로 피신했으나 쿠스코에서 달려온 군사에게 곧바로 체포됐다. 하지만 이들의 애틋한 사연을 들은 잉카 왕은 두 사람을 사면해 쿠스코에 신방을 차려주었다고 한다.

오얀타이탐보는 마추픽추로 가는 길목에 위치한다. 북쪽으로 열린 작은 계곡을 마주 보며 동서로 솟아오른 산줄기 사이에 잉카의 유적이 병풍처럼 펼쳐져 있다. 서쪽으로 돌출한 산줄기에 층층이 걸린 테라스 사이로 신전으로 올라가는 가파른 계단이 날아오를 듯 놓여 있다. 절벽 위 성벽에는 밖을 내다볼 수 있는 창이 군데군데 있는데, 그것을 '니초'라고 한다. 에스파냐 정복 군대가 이 성벽을 허물고 그 기초 위에 중세식 건물을 지은 흔적이 오늘날까지 남아 있다.

깎아지른 듯한 절벽에 자리한 오얀타이탐보는 잉카 시대의 성곽 도시로, 안덴거대한 돌로 축대를 쌓아 만든 계단식 밭이 층층이 건설돼 있다. 가파른 산비탈에 건설한 열일곱 개의 계단식 경작지를 따라

오안타이탐보 유적 상부
테라스 돌담에 박힌
 출입구,

엄청난 크기의 석재로 만들어진 태양 신전.

오르면 그 정상에 거대한 돌로 만든 태양 신전이 신성한 계곡을 굽어보고 있다. 잉카 시대 마을을 관통하는 석조 관개 시설과 뉴스타의 목욕탕에는 여전히 맑은 물줄기가 흐른다. 방어용 요새와 계단식 경작지 그리고 비상식량을 저장했던 창고가 남아 있지만, 그중에서 가장 으뜸은 테라스 상부에 자리한 태양 신전이다.

테라스 상부에는 여섯 개의 태양 신전 벽이 기념비처럼 꼿꼿하게 서 있다. 15도 경사로 기울어져 있고 돌과 돌 사이를 요철 모양으로 가는 돌을 깎아 붙여 거대한 수직 돌과 돌 사이를 띠처럼 기워놓은 흔적이 있다. 돌 하나의 무게만도 40톤에 이르는데 모두 6km 이상 떨어진 곳에서 이곳 정상까지 옮겨온 것이다.

어떻게 그 큰 돌을 이곳까지 끌어왔을까. 말과 소도 없고 바퀴도 없던 시절에 통나무 사다리를 이중으로 바닥에 깔고 그 위에 육중한 바위를 얹은 뒤 수많은 사람이 줄을 당기고 지렛대로 밀어서 운반했을 것이다.

최근 쿠스코의 한 축제 때 이러한 방법을 재현해보았는데, 하루에 옮길 수 있는 거리가 겨우 몇 m에 불과했다. 거석에는 큰 돌을 옮길 때 끈을 매던 돌출 부분이 아직도 원형 그대로 남아 있다. 에스파냐 군대가 이곳에 쳐들어왔을 때조차 오얀타이탐보에서는 신전 공사를 계속하고 있었다. 유적지 정상에 여기저기 널브러진 돌더미는 공사가 갑자기 멈추어진 사연을 숨기고 있다.

태양 신전 유적지 맞은편 동쪽 절벽에는 콜카라고 하는 음식 저장고가 박공지붕을 벗어던지고 거친 돌담을 드러낸 채 층층이 놓여 있다. 이곳에서 잉카인은 계곡 사이로 불어오는 바람을 이용해 감자와 옥수수를 비롯한 채소와 곡식을 말려 보관했다. 고기는 말린 상태인 차르키, 즉 오늘날의 육포 형식으로 저장하고, 주식인 감자는 발로 밟아 물기를 제거한 후 말리고 얼리기를 반복한 추뇨 형태로 저장했는데 7~8년간은 보관할 수 있었다.

추뇨는 오늘날까지 안데스 지역의 주요 음식으로 남아 있으며, 우리나라의 토란과 무의 중간 정도 식감이다. 콜카 왼쪽의 산중턱을 보면 잉카의 전사 혹은 신의 얼굴 모습이 언뜻 비친다. 잉카인은 이 형상을 조물주인 비라코차 신이나 잉카 전사의 얼굴이라 믿지만, 1900년대에 지진이 일어나기 전에는 이 형상이 없었다고 한다.

오얀타이탐보는 잉카의 곡창 지대인 성스러운 계곡을 지키는 요충지로서 쿠스코 다음으로 중요한 도시였다. 쿠스코에서 매우 중요한 군사 도시인 오얀타이탐보까지는 곧장 도로가 연결됐기 때문에 지배층이 많이 살았다. 지금도 많은 사람이 쿠스코에서 오얀타이탐보로 버스나 자동차로 이동해 유적지를 돌아본 다음 기차를 타고 마추픽추로 향한다. 3박 4일의 정통 잉카 트레킹도 여기서 장비를 마련하고 출발한다.

오얀타이탐보는 1536년 망코 잉카1515~1545가 이끄는 잉카 저항군이 쿠스코를 공격한 후 이곳으로 이동해온 피사로의 에스파냐 정복 군대를 크게 무찌른 곳이다. 오얀타이탐보를 찾았던 에스파냐 기마병 중의 한 사람의 이야기가 『잉카의 최후의 날』에 이렇게 기록돼 있다.

"요새는 매우 강해보였고, 높은 평지 위에 거대한 위용을 자랑하고 있었으며 돌벽으로 꽁꽁 둘러싸고 있었다. 또 입구는 매우 가파른 언덕 쪽으로 나 있는 것 하나밖에 없었다. 그리고 언덕 위에는 커다란 돌을 들고 있는 전사들이 많았는데, 에스파냐 군대가 요새를 손에 넣으려고 침입을 감행하면 언제라도 그것들을 굴릴 태세였다."

태양의 눈을 닮은 종묘개량연구소

모라이, 마라스, 친체로는 성스러운 계곡의 우루밤바강을 북쪽에 모자처럼 눌러 쓰고 남서쪽 황무지 벌판에 줄지어 서 있다. 쿠스코에서 차로 두 시간 거리에 있는 모라이 유적지는 마라스에서 서쪽으로 9km 정도 떨어진 넓은 언덕이 끝나는 곳에 위치한다. 아무도 짐작할 수 없는 천 길 낭떠러지 아래 동심원 테라스가 층층이 박혀

기하학적인 모양의 모라이 테라스에서는 농작물 실험이 이뤄졌다.

있다.

붉은 들판을 가로지르자 고대 로마의 원형극장처럼 절벽 아래 작물 시험 경작지가 기하학적 모양의 분화구처럼 누워 있다. 잉카 제국을 유지하는 첫 번째 요소는 백성을 배불리 먹이는 것이며, 그 다음이 종교적으로 통합하고 군사적으로 무장하는 것이었다.

모라이 유적지는 잉카 시대의 종묘개량연구소라고 할 수 있다. 동심원 모양의 계단식 테라스가 마치 우주선 기지처럼 기하학 적 모습으로 있다. 해발 3,000m 고원 지대의 척박한 땅에서 잉카의 신민을 배불리 먹일 수 있었던 비밀의 열쇠가 숨어 있는 곳이다. 제 국의 건설은 물리적 영토 확장에서 끝나지 않았다. 신민을 배불리 먹이는 것이 제국의 생존 조건이었다. 황량한 고원 지대에서 최대

잉카인들은 안데스의 모든 장소와 대지의 조건을 원형 테라스 안에 구현했다.

한 많은 작물을 수확해야 하는 것은 필연이었다. 로마의 원형극장을 닮은 계단식 경작지는 크게 네 영역으로 나뉘지만, 그중에서 가장 눈에 띄는 것은 남쪽 입구에 있다. 거대한 표주박 모양의 12층의 계단식 경작지 안에 마치 분화구가 놓여 있는 것 같다. 우주인이 조각칼로 태양을 담을 그릇을 정밀하게 조각해놓은 모습이랄까.

태양의 눈을 닮은 모라이 유적지에는 과학적 비밀이 숨어 있다. 원래부터 분지인 곳에 계단식 테라스를 만들었다손 치더라도 우기에 빗물이 모이면 남은 물은 흘려보내야만 했을 것이다. 배수로는 어떻게 마련했을까. 인위적인 배수 시스템은 없었다. 그 대신 원형 구조물의 지하에 천연 동굴이 있다.

파차쿠텍의 위대함은 제국을 통솔하는 강력한 군대뿐 아니라 척박한 안데스 고원 지대에서 풍부한 식량을 창출하는데 있었다. 그는 가파른 산비탈에 경작지를 넓히고, 땅의 방향과 조건에 따라 적절한 품종을 개발하고 다양한 농경법을 개발했다. 잉카 제국이 작은 부족국가에서 대제국으로 성장할 수 있었던 원동력이 여기에서 나왔다.

잉카인은 모라이 종묘개량연구소에서 대지의 고도와 방향에 따라 태양 빛이 상호 작용하는 모든 원리를 실험했다. 태양을 닮은 둥근 형태는 동서남북 모든 방향에서 햇빛을 받는 조건을 수용하기 위해서다. 안데스의 모든 장소와 대지의 조건을 원형 테라스 안에 옮겨놓은 것이다. 거대한 동심원의 분화는 태양신을 숭배하는 잉카의 정신 세계와 닿아 있다. 동심원 테라스의 높은 곳과 낮은 곳의 온도 차이는 15도 정도라고 한다. 대지의 온도가 1도만 높아도, 해수의 온도가 1도만 높아도 생태계는 엄청나게 변한다. 미학적으로 아름다운 동심원 테라스 속에 하늘의 이치에 따라 땅의 조건에 맞는 농경법을 개발한 잉카인의 지혜에 놀라지 않을 수 없다.

잉카인은 씨앗을 적당한 테라스에 맞춰 심고, 차차 위쪽으로 옮겨가며 추위와 같은 다양한 조건에 적응시켜 품종을 개량했다. 지금도 페루의 감자가 3,000종이 넘는 이유가 여기에 있다. 과학적으로 설계된 테라스는 빗물을 흡수하고 내뿜으며 전체 대지를 고루 적시고 남은 물은 지하의 천연 동굴로 빠져나가도록 설계됐다. 각

층은 대략 사람 키 정도의 높이인데, 5도 정도 기울어지게 석벽을 쌓아 마감했다.

각 테라스를 이동할 때는 석벽에 사선으로 설치된 돌출 계단을 이용한다. 사람이 내려가고 올라오는 모습이 거대한 장치 속에서 유영하듯 몽환적이다. 아래로 내려갈수록 동심원이 반복돼 심리적인 안정감과 동시에 태양신의 축복을 받고 있다는 확신을 주었을 것이다. 동심원 속으로 들어갈수록 신성한 공간으로 진입하는 긴장과 부드러움이 동시에 느껴진다. 이러한 긴장과 부드러움은 신전에서 느끼는 일종의 경외감과 닿아 있다.

이곳을 방문하는 사람은 대부분 가장 아래쪽 원의 중심 공간으로 시선이 모아지며 그곳에서 직감적으로 태양의 기운을 느낀다. 실제로 잉카인은 거대한 동심원의 중심에서 강력한 에너지가 나온다고 믿었다. 해마다 8월 1일이면 이곳에서 대지의 여신 파차마마에게 감사를 드리는 농경 의식인 와타칼랴 축제가 열린다. 잉카의 전통에 따라 한 해 농사의 시작을 알리는 8월에 파차마마에게 각종 제물을 바치며 풍요를 기원하는 것이다. 층과 층 사이를 연결하는 4단의 돌출 계단은 현대 건축가가 즐겨 쓰는 노출 콘크리트 캔틸레버한쪽 끝이 고정되고 다른 끝은 받쳐지지 않은 상태로 돼 있는 보 계단보다 천 배는 더 운치 있고 아름답다.

빛나는 계단식 소금밭

모라이에서 친체로 방향으로 2km가량 달리다 보면 마라스 마을이 나오고, 여기서 다시 북쪽으로 향하는 샛길로 빠져 8km쯤 비포장 도로를 덜컹거리며 달리면 우루밤바 계곡 끝자락에서 살리네라스가 나타난다. 마라스 소금밭으로 불리는 살리네라스는 거친 들판이 절벽으로 미끄러지는 곳에 있다.

비탈길을 돌아서자 천 길 낭떠러지 계곡 사이로 은빛 조각이 반짝거린다. 거대한 퓨마가 은빛 모자이크 이불을 두르고 계곡 속에 누워 있다. 지각변동으로 솟아오른 바다가 빙하기를 거쳐 2만 년 전 녹기 시작하면서 산속에 소금밭이 형성된 것이다. 대륙의 바람으로 숙성된 작은 물줄기가 계단식 소금밭을 적시며 신의 작품을 빚어내고 있다.

세계 최대의 소금사막 볼리비아의 우유니 소금호수가 하늘을 비추는 거울이라면, 살리네라스는 안데스의 태양빛으로 물든 퍼즐이다. 오랜 세월이 흐르는 동안 바닷물이 암염으로 굳어졌다가 지하수에 녹아 소금물이 되어 솟아나 층층이 계단식 밭을 적시고 나면 잉카의 태양과 바람이 인내의 끈기로 소금을 만들어낸다. 햇볕의 강도에 따라 농도가 다른 소금물이 각각 다른 촉감으로 빛을 반사한다.

안데스의 햇볕과 바람의 도움으로 향기로운 짠맛이 소금의 핵

안데스의 품에서 나온 살리네라스의 소금밭.

심에 자리 잡는다. 태양의 열정이 바다의 침묵 속으로 스며들지만 소금 알의 굵기와 밀도는 빛과 바람이 결정한다. 향기 좋은 소금은 바닥에 달라붙지 않고 모래처럼 서걱거린다. 햇빛이 바람을 타고 소금물로 파고들어 향기롭고 맛좋은 소금을 만든다.

살리네라스의 소금은 저절로 나는 것이 아니라 파차마마의 품 안에서 다시 태어나는 것이다. 이곳에서 잉카인은 소규모로 소금을 만들어왔는데, 에스파냐 식민지 시절 대규모로 확장되면서 소금 산지로 유명해졌다. 안데스의 고산 지역에서 그 옛날 소금은 황금처럼 귀한 식품이었다. 소금이란 농경 시대를 대표하는 황소의 '소'와 황금인 '금'의 합성어다. 하얀 소금은 사람이 먹고, 흙이 묻어 누런 소금은 동물이 먹고, 그다음 흙투성이 소금은 밭에 거름으로 뿌렸다. 살리네라스의 소금은 안데스의 품에서 나와 사람, 동물, 식물을 골고루 살찌우며 자연으로 돌아갔다.

거부할 수 없는 싱크리티즘

친체로는 마라스의 동남쪽 우루밤바강 남쪽 언덕에 위치한다. 쿠스코에서는 28km 정도 떨어져 있다. 잉카 시대의 식량 창고이자 거점 도시로서 신전이 있었던 친체로는 동서 방향으로 길게 펼쳐진 거대한 농경 테라스 남쪽 언덕에 우뚝 자리한다.

잉카의 전통 옷감을 짜는 시연을 보고 나서 가파른 오르막길 끝에 놓인 중앙 광장으로 향했다. 잘 정비된 잉카의 옛길을 따라 언덕에 올라서자 세 개의 하얀 아치가 가지런히 놓여 있고 그 위로 붉은 오지기와지붕을 쓴 친체로 성당이 앉아 있다. 직사각형 광장의 입구를 따라 원주민이 형형색색의 잉카 전통 수제품을 팔고 있다. 일요일에는 성당에서 케추아어로 미사가 진행되고 미사가 끝난 뒤에는 광장에서 원주민 시장이 크게 열린다.

이곳 성당은 쿠스코의 주요 건물과 마찬가지로 잉카의 신전을 허물고 그 위에 세운 것이다. 성당 내부는 잉카 원주민이 그리스도교를 수용하는 과정을 짐작할 수 있는 검푸른 그림으로 채워져 있다. 박공 아래 아치 속에 자리한 재단과 그 벽에 그려진 이미지는 모두 지진의 신이라 불리는 검은 피부를 가진 예수나 일하는 성모 마리아의 모습이다. 그런데 이미지 속 인물은 모두 잉카 원주민의 형상이다. 유럽에서는 찾아보기 힘든 독특한 모습이다.

성당 밖에 세워진 돌 십자가는 산티아고 순례길에 세워진 장식 없는 십자가와 별반 차이가 없어 보이지만, 자세히 들여다보면 잉카의 이미지로 가득하다. 십자가 상 아래 네 겹의 돌 기단은 잉카인이 대지의 어머니 신으로 섬기는 파차마마의 상징이며, 십자가 한가운데는 잉카의 상징인 태양이 그려져 있다. 이러한 조각과 그림은 그리스도교와 태양신이 융합된 싱크리티즘의 흔적이다.

잉카 석축 위에 세워진 친체로 성당.

잉카인은 그들의 문화 위에 그리스도교를 받아들였다. 마치 잉카의 석벽 위에 그리스도교의 성소를 지었듯이.

4.

걸어서
잉카의 심장으로

마추픽추는 3박 4일 잉카 정통 트레킹으로 다가갈 수 있다. 대부분의
사람들은 기차로 편리하게 마추픽추에 올라서지만, 정통 잉카 트레킹을
따라 마추픽추를 경험해 보려는 이들도 많다. 케추아어로 '왕의 길'을
뜻하는 카팍 난을 따라 해마다 잉카 왕이 마추픽추로 다가섰기 때문이다.
루트의 시작은 쿠스코에서 승합차로 오얀타이탐보에서 장비를 싣고
마지막으로 도착하는 베이스캠프 칠카2,793m다. 여기서 팀을 꾸려
출발한다. 우루밤바강을 가로질러 와이야밤바3,060m에서 첫 밤을

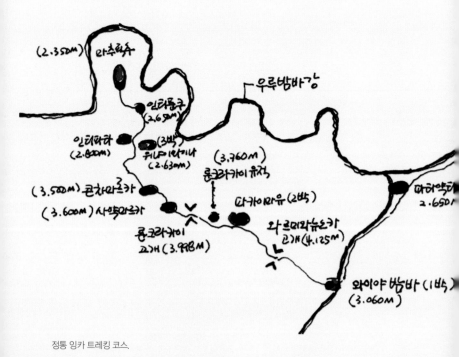

정통 잉카 트레킹 코스.

보내고, 죽은 여인을 뜻하는 공포의 와르미와뉴스카 고개4,125m를 지나 파카이마유3,600m에서 둘째 날을 보낸다. 룬크라카이 고개3,998m를 지나 사약마르카3,600m를 거쳐 위냐이와이나2,630m에서 마지막 밤을 보내고, 다음 날 이른 아침 해 뜰 시간에 인티푼쿠2,650m에 선다. 떠오르는 해를 등지고 마추픽추를 바라보는 것이 모든 여행자의 간절한 바람이다.

정통 잉카 트레킹의 시작

새벽 5시, 쿠스코의 플로리다 숙소에서 나와 아르마스 광장으로 향했다. 일행을 기다리는 동안 운전사가 인티라이미 CD를 틀어주는 사이, 여행자 네 명이 도착했다. 트레킹 참여자 다섯 명에 가이드와 짐꾼 그리고 요리사를 태운 승합차가 트레킹의 중간 기착지 오얀타이탐보를 향해 달리기 시작한다. 마추픽추 정통 잉카 트레킹은 6개월 전에 예약을 해야 가능할 정도로 인기다. 잉카 제국의 길이 그만큼 가장 완벽하게 보존돼 있기 때문이다.

운무가 가득한 계곡을 헤치고 내려가자 강변을 따라 유칼립투스가 하늘을 찌를 듯이 서 있다. 친체로를 지나 우루밤바로 내려설 즈음 절벽을 타고 도는 길이 심하게 구불거린다. 줄곧 우루밤바강을 따라 두 시간동안 덜컹거리다가 오얀타이탐보에 도착했다. 오얀타이탐보는 잉카 트레킹이 시작되는 유적지이자 마추픽추로 가는 첫 번째 기차역이 있어 언제나 여행자의 기대와 희망으로 설레는 곳이다.

광장에는 석축 위에 곤봉을 든 파차쿠텍 조각이 돈키호테처럼 익살스럽게 서 있다. 광장 남쪽의 등산용품 가게 위로 난 나무 계단을 삐걱거리며 2층으로 올라가자 '오래된 코리칸차'라는 이름의 레스토랑이 나타났다. 정면으로 난 나무 발코니 창문이 사진 액자처럼 오얀타이탐보의 테라스를 담고 있다. 일행은 서로 얼굴을 번갈

아보다 인터내셔널이라는 메뉴를 주문했다. 수프와 오믈렛처럼 생긴 음식이 쟁반에 담겨 나오고 식탁 가운데 울퉁불퉁한 잉카 빵이 놓였다. 제멋대로 생긴 시커먼 빵은 보기보다 부드럽고 고소했다.

아이스크림으로 입맛을 달래고 코코아차로 속을 달랬다. 트레킹 장비와 식료품을 실은 승합차가 오얀타이탐보를 벗어나 칠카를 향해 달린다. 잠시 포장도로인가 싶더니 기찻길을 따라 하얀 먼지를 일으키는 비포장도로가 계속 이어진다. 30분쯤 달렸을까. 승합차가 칠카의 넓은 공터 중앙으로 파고들었다. 많은 트레킹 인파가 각자 타고 온 승합차 곁에서 옷을 갈아입거나 둥글게 모여 파이팅을 외친다. 나도 승합차 뒤에서 팬티만 남기고 새벽에 입고 온 두꺼운 옷을 갈아입었다. 아침은 겨울이고 낮은 여름인 안데스의 날씨

는 변덕쟁이다.

오전 8시 50분경 우리 팀도 둥글게 모여 손을 포개서 가이드 프리모의 선창에 따라 "프리모"를 외치고는 길을 나섰다. 9kg의 배낭을 메니 순간 다리가 긴장됐다. 두 시간여 끝에 야트막한 언덕 위 휴게소에 도달했다. 그 아래 기찻길에는 KM.82 지점을 알리는 간판과 그 옆으로 피스카쿠초역이 강줄기를 따라 서 있다. 때마침 페루 기차가 기적을 울리며 지나간다.

철길을 벗어나 내리막 오솔길을 따라 KM.82 체크포인트로 다가간다. 잉카의 움막처럼 박공지붕을 눌러쓴 체크포인트 아래 사람들의 줄이 길다. 여권에 마추픽추 도장을 받고, 현수교의 철제 교각 위에 올라서니 우루밤바강이 누런 거품을 일으키며 으르렁거린다.

숨은 장소에 있는 도시

현수교 중앙에 덧대놓은 베니어얇은 나무판 합판이 나귀 발굽에 거칠어져 있다. 황토색 물보라를 지나가자 곧바로 언덕이 나타난다. 해발 2,600m의 고도를 비웃으며 억센 침을 두르고 선 선인장 곁에서 가이드가 일행을 불러 세운다.

가시가 불쑥불쑥 난 선인장 표면의 하얀 가루를 손으로 찍더니 손바닥 위에 올려놓고 곧바로 문지른다. 순간 마법처럼 하얀 가루가 핏빛으로 변한다. 이 하얀 가루가 세균이란다. 이것으로 야마의 털을 붉게 물들이고 잉카 여인의 입술을 빨갛게 물들였다고 한다. 여기저기 얼굴에 붉은 물감을 칠한 잉카 전사가 늘어난다.

하늘이 점점 가까워지는 오르막길에 나무 벤치가 나타나고 그 앞으로 수로가 넘칠 듯이 맑은 물이 흘렀다. 지나가던 말이 길게 목을 빼고 물을 마신다. 잠시 벤치에 앉아 쉬는 사이 점심식사가 준비됐다고 올라오란다. 농가 주택 앞에 붉은 천막이 바람에 펄럭거리고 있고, 천막 속은 온통 붉은 색으로 출렁거린다.

구불구불 이어지는 언덕길을 따라 걸었다. 가파른 박공지붕을 눌러쓴 주택이 허리까지 잡석을 두르고 앉아 있지만 잉카인의 기상은 느껴지지 않는다. 우루밤바강을 밀어내고 산등성이를 오르자 지천으로 깔린 호박돌 사이로 오솔길이 거칠게 이어진다. 눈앞에 반듯한 평지가 나오자 앞서 가던 일행이 일제히 환호성을 지르며 달려갔다. 반달 모양의 약타파타 유적지2,850m다. 쿠시차카 강줄기가 산허리를 감싸며 흐르다 우루밤바강과 만나는 삼각주에 놓였다. 곧바로 감탄사가 터져 나온다.

잉카인은 까마득한 협곡 아래 강줄기를 따라 석축을 쌓고 그 위에 귀족의 주거지를 짓고, 유선형의 테라스를 만들었다. 반달 모양의 석축은 강줄기에 발을 딛고 선 퓨마의 발톱 모습이다. 잉카 장인에게 대지는 노동의 대상이 아니라 감정을 가진 생명이었다. 거대한 농경지를 하나의 대리석 판에 펼쳐놓고 섬세하게 조각한 모습이다. 산허리와 만나는 상부 테라스에는 집과 광장, 통로와 구조물이 반달 모양 속에 녹아들어 있다. 이곳이 단순한 촌락이 아니라 주요 농산물의 생산과 집하를 관리하는 신성한 장소였음을 증

약타파타의 주거지와 강 연안의 테라스는 모두 대지의 곡선 형태를 존중해 건설됐다.

명해준다.

『DISCOVERING MACHU PICCHU』에는 이곳을 연구한 쿠스코의 역사학자 빅토르 안글레스의 글이 나온다. 그는 글에서 이같이 밝혔다.

"약타파타의 동쪽 줄기는 강 연안의 거대한 저지대로, 평평한 들판이 농사짓기에 적합하게 펼쳐져 있다. 잉카의 농부가 어도비로 집을 짓고 살기에 적절한 곳이었다. 잉카의 귀족과 사제는 테라스 상부에 돌집을 짓고 살았지만, 일반 농부는 흙과 나무줄기를 이용해 손쉽게 집을 지었기 때문에 오늘날 그들의 흔적을 찾아볼 수는 없다."

약타파타 유적지는 테라스 상부의 주거지와 강 연안의 테라스 모두 대지의 곡선 형태를 존중해 건설돼 있다. 테라스 상부의 주거지는 마당 혹은 중정을 중심으로 건물이 둘러싼 형태다. 출입구는 마당을 향해 열려 있지만 창문은 잉카인이 신성시하는 아침 해가 뜨는 동쪽을 향해 개방돼 있다. 주거지의 창문을 하나같이 동쪽으로 내면서도 적절하게 마당을 공유하고, 이를 통해 광장의 동선을 공유하는 독특한 배치다.

현대 건축가에게도 쉽지 않은 작업이다. 강 연안으로 내려갈수록 테라스가 올록볼록 아치를 그리는데 퓨마의 발톱처럼 보인

악타피타의 동쪽 끝
테라스에 있는
풀피트유흔,

Circular tower of the
called Pulpitayuj

다. 강 연안 북쪽, 유적지의 동쪽 끝 테라스에 '풀피트유흐'라 불리는 반원 탑이 있다. 문헌에 따르면 풀피트유흐는 잉카 시대의 명칭이 아니고, 설교대를 의미하는 에스파냐어와 케추아어의 접미어를 묶어 만든 복합어다. 돌출된 자연석 위에 탑을 세우고, 바위 끝에 돌기둥을 세워 무너지지 않게 받쳤다. 쿠시차카강 연안의 저지대를 굽어보고 있는 모습이 마치 상상 속 코끼리 같다.

동쪽 벽의 창문으로 빛이 들어오면 어두운 실내 바닥에 의미 있는 자국을 남겼을 것이다. 다소 조악한 둥근 벽에는 손목이 들어갈 만한 크기의 구멍이 있다. 마추픽추 콘도르 신전의 벽감에 나 있는 구멍과 같은 모양이다. 이것을 두고 감옥이나 미라를 안치했던 곳으로 추정하지만, 정확하지 않다.

얼어붙은 첫날 밤

약타파타 상부 유적지를 벗어나 가파른 내리막길로 접어들었다. 쿠시차카 강줄기를 따라 와이야밤바3,060m로 향하는 오솔길이 이어진다. 잉카의 영산, 살칸타이봉로 가는 길이다. 강 건너 드문드문 초원에 자리한 초가집이 옥수수밭 사이로 고개를 내민다.

이끼 가득한 고목 사이로 강 건너 야영장으로 들어가는 나무다리가 놓여 있다. 얼기설기 엮어놓은 목책 난간에 기대 고개를 돌

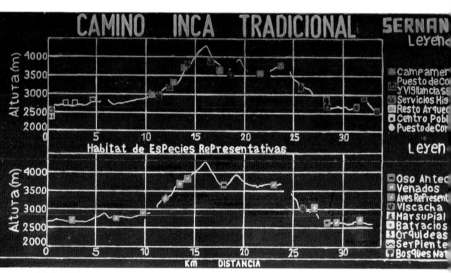

독창적인 문양과 기호로 여행자의 이해를 돕고있는 설명판.

리는 순간 베로니카봉5.680m이 쪽빛으로 빛나고 있다. 야트막한 공터에는 휴게소와 작은 동굴 여러 개가 있고 그 앞으로 붉은 간판이 서 있다. 간판에는 잉카 트레일의 표고와 이곳에 서식하는 동물이 일목요연하게 요약돼 있다.

가파른 비탈면에 층층이 매달려 있는 작은 야영장을 끼고서 오르막길을 걸었다. 가이드가 뒤에서 거친 숨을 내쉬며 달려와 05번 야영장을 지나쳤다며 급하게 불러 세운다. 작은 테라스 위에 텐트를 치고, 흙벽에다 창문에 대나무 창살을 두른 식당에 앉았다. 옥수수 콘과 비스킷과 수프로 허기를 때우고 나자 곧이어 채소와 쌀밥 그리고 닭튀김과 감자요리가 나왔다. 잉카 트레킹의 길고 지루한 첫날이 저물고 있다.

두 사람씩 짝을 이룬 2인용 텐트 앞에 작은 1인용 텐트가 내 보금자리다. 새벽 1시, 얇은 침낭이 얼어붙는 것 같다고 느끼는 순간 눈이 떠진다. 안데스의 냉기가 몸을 마비시켰다. 할 수 있는 일이라곤 옷을 더 껴입는 것뿐.

죽은 여신의 품에

둘째 날 새벽 5시, 뜨거운 수프로 언 입술을 녹이고 다시 배낭을 메고 길을 나선다. 9km 떨어진 와르미와뉴스카4.125m로 가는 길은 작은 개울이 흐르는 산등성이를 따라가는 오르막이다. 숲길을 걷자 밤새 언 몸이 금세 녹아내렸다.

와이야밤바는 와르미와뉴스카 고개에 기대 있는 대문이다. 가파른 언덕에 올라서자 작은 게이트가 나타난다. 가이드가 여권을 받아들고 일일이 와이야밤바 기념 도장을 찍는다.

'세 개의 돌'이라는 뜻의 트레스피에드라스3,350m에 오르자 금세 숨이 가빠온다. 속이 메슥거리고, 조금씩 어지럽기 시작한다. 와르미와뉴스카의 위력이 서서히 다가오는구나. 트레스피에드라스에서부터 걸음은 무뎌졌고 호흡은 가빠지고 정신은 아득해졌다. 몸은 흐물흐물, 머릿속은 하얗게 비워졌다. 다들 비틀거렸다.

오르막 숲길을 벗어나 유유차팜파3,850m에 오르자 이젠 더 이상 걸을 수 없을 것만 같다. 와르미와뉴스카는 아직 코빼기도 드러내지 않았는데 숲은 사라지고 잡목과 누런 풀만이 지천에 널려 있다. 숲이 사라졌다는 것은 인간이 살 수 없다는 뜻이다. 머릿속은 잠자리처럼 빙빙 돌고 가스에 취한 듯 몽롱했다.

와르미와뉴스카는 케추아어로 '죽은 여인'을 뜻한다. 10m를 걷고 주저앉았다가 다시 걷지만 이번엔 열 걸음, 다섯 걸음을 걷다 다시 주저앉고 말았다. 군데군데 사람들이 앉아서 가쁜 숨을 몰아쉬고 있다. 이 길에서 진리는 한 번에 한 발자국만큼만 가는 것. 안데스의 길은 세상의 모든 책보다 더 많은 것을 가르쳐준다. 시간을

와르미와뉴스카 고개에 펼쳐진 절경.

다스리려 하지 말고 몸으로 시간을 타라고 한다. 저만치 절벽 위에 사람들이 벌레처럼 꼬물거린다.

정상에 도달한 사람들이 지친 내 발걸음의 희망이다. 계곡 아래 산안개가 깃털처럼 흐르고 그 아래 언덕에는 염소가 평화롭게 풀을 뜯고 있다. 정상에 오른 사람들의 얼굴이 빨간 앵두만큼 커져 보인다. 행복한 그 얼굴이 앞에서 당기고 안데스의 바람이 뒤에서 민다. 금방이라도 무너질 것 같은 걸음이지만 기어코 고개를 들고 마지막 계단을 오른다.

와르미와뉴스카 고개에 오르자 서로 얼싸안고 펄쩍펄쩍 뛰며 환호성을 질렀다. 차스키가 대지의 어머니 파차마마에게 기도를 올렸던 아파체타 돌무더기 위에 벌러덩 드러누웠다. 세찬 바람이 윙윙거리며 구름은 벌떼처럼 날아다닌다. 순간 벌떡 일어나 잉카 왕처럼 하늘을 향해 손을 뻗었다.

정상은 인간을 품어주는 천사의 공간이다. 여린 고통 뒤로 선물처럼 다가오는 짜릿함이 안데스의 민낯이다. 천상의 도시를 찾아가는 사람을 위해 잠시 비워둔 죽은 여신의 의자는 이제 사라졌다.

방금 올라온 거친 절벽길을 내려다본다. 천 길 낭떠러지가 발아래 펼쳐지고 사람들이 기어오르고 있다. 와르미와뉴스카는 뜨겁다가도 차갑고 웃다가도 우는 새침데기다. 살갗을 벗길 듯이 차갑게 불어오는 바람이 등을 떠민다. 2km 떨어진 파카이마유_{3,600m}로 미끄러지는 내리막길은 한결 쉽다. 급경사길이라 비틀거렸지만 차차 어지럼증이 사라진다. 그새 고산증에 면역이 된 것일까. 마치 죽음의 여신이 희망의 치맛자락을 타고 사라진 것 같다.

파카이마유로 가는 비탈길은 신의 자리에서 인간의 자리로 내려섬이다. 얼어버린 혈관이 뚫리는 쾌감을 느끼며 한달음에 1km를 내달렸다. 불과 10여 분 만에 지옥은 천국으로 바뀌었다. 천의 얼굴을 가진 안데스의 길에 가랑비가 길게 뿌린다. 고통을 지워버린 길에 마음이 제자리를 잡자 몸은 언제 그랬느냐는 듯 사뿐해진다. 마지막 내리막 계단을 내려오니 드문드문 초목이 고개를 세우고 있다. 사람이 살 수 있는 곳에 마침내 도착했다.

파카이마유의 오두막이 테라스 위에 누워 있다. 하늘 아래 첫 숲이 시작되는 곳, 절벽으로 병풍을 두른 파카이마유 야영장엔 온기가 피어올랐다. 와르미와뉴스카가 신의 자리였다면, 파카이마유는 숲의 요정이 사는 곳 같다. 파카이마유는 지옥의 품을 벗어난 자만이 맛볼 수 있는 천국이다.

좁은 텐트에 몸을 누이자마자 죽은 여신이 문안인사를 하듯 요란한 소나기가 텐트를 두드린다. 빗줄기는 금방 잦아들더니 곧바로 차가운 냉기를 불어넣었다. 와르미와뉴스카의 죽은 여신은 텐트 속까지 파고든다.

잉카의 전령의 쉼터

트레킹 셋째 날이다. 딱딱하게 굳은 몸으로 엉금엉금 침낭 속을 빠져나와 텐트의 지퍼를 여니 달빛이 이마를 찌른다. 나는 밤새 살아남았다. 아침 6시, 잉카의 길에 다시 섰다. 하늘이 열리는 곳 나무 기둥 사이에 룬쿠라카이 유적지3.760m를 알리는 간판이 서 있다.

짙은 안개로 가득한 길에 유적이 희끗희끗 드러난다. 룬쿠라카이는 잉카 시대에 전령이 쉬었다 가는 중간 휴게소 겸 숙박소로 사용되던 타원형 요새를 말한다. 원래 이름은 아니다. 1915년 하이럼 빙엄1875~1956의 지시로 이곳을 정리하던 일꾼이 명명한 것이다. 이 요새 앞에 파카이마유 골짜기가 그림처럼 펼쳐져 있다. 여기서 잉카의 전령이 소라고둥을 불면 다음 휴게소에서 대기하던 전령이 달릴 준비를 했다.

룬쿠라카이는 단순히 휴게소라고 말하기엔 아까울 정도다. 내부에 자리한 원형 마당을 양손으로 감싸듯 둥근 반원형 구조물이 좌우로 둘러싸고 있다. 좁은 출입구로 들어가면 중정이 나오고 그 중정에서 좌우 두 개로 나뉜 반원형 공간으로 들어간다. 그 안에 수장고로 쓰였을 사다리꼴 벽감이 열 지어 있다. 그 형태는 초현대적이고 기능은 효율적이며 동선은 간결하다. 주거 공간과 손님 공간으로 반원형 구조물을 양분해 공적 공간인 마당을 감싸고 있다. 공간을 이용하는 지혜가 오늘날과 별반 차이가 없다. 중정은 앞이 훤

하게 뚫린 절벽 위에 자리한다.

룬쿠라카이 고개3.998m 아래 한 송이 꽃처럼 박혀 있는 유적지
는 하강과 상승이 동시에 일어나는 요충지에 위치한다. 이곳은 와
르미와뉴스카 정상에서 '숨겨진 강'이라는 뜻의 파카이마유 계곡으
로 내려갔다가 다시 룬쿠라카이 고개로 오르는 산등성이다. 그래
서인지 밤에도 기온이 급격하게 떨어지지 않는다.

룬쿠라카이를 안개 속에 남겨놓고 다시 봉우리를 향해 오른
다. 와르미와뉴스카 고개처럼 지나치게 높지도 않고 고산증의 저
주가 들러붙지도 않았다. 나무가 사라지고 다년생 풀이 무성한 곳,
룬쿠라카이 정상으로 향하는 가파른 오르막길은 습기로 촉촉하다.
하늘 높이 꽃대를 올린 들풀이 고개를 세우고 구름을 쫓고 있다. 룬
쿠라카이 유적지에서 잉카의 차스키처럼 하룻밤을 보낸다면….

거짓말처럼 작은 연못이 나온다. 고지 근처 간판에는 사슴이

나타난다고 표시돼 있지만 연못가에는 사슴 그림자도 보이지 않았다. 사슴이 와서 기웃거리며 물을 마시고 있다면 아마 신의 정원을 보는 듯할 것이다. 신의 연못을 지나 오른쪽 산등성이 위에 또 다른 연못이 반짝거린다. 해발 4,000m 정상에서 반짝이는 이 물방울은 달이 눈물이라도 흘린 것일까.

룬쿠라카이 정상에 서자 베로니카 설산이 안데스의 등대처럼 빛났다. 살칸타이봉은 얼음 궁전, 와르미와뉴스카는 죽은 여신의 고개, 룬쿠라카이 언덕은 여신의 눈물이다.

룬쿠라카이 정상으로 가는 길에서 만난 연못.

도달할 수 없는 곳

룬쿠라카이 정상을 벗어난 내리막길에 동굴이 버티고 있다. 한 사람이 간신히 지나갈 수 있는 동굴 사이로 엉성한 계단이 촘촘히 놓여 있다. 계곡 아래 긴 연못에 물안개가 서서히 사라진다. 온갖 산새와 동물이 쉬어 간다는 코메르코차 연못이다.

잘록한 산등성이에 사약마르카 유적지3.600m가 아슬아슬 걸려 있다. 마치 다이빙 선수가 도약대 위에서 막 발을 구르는 찰나의 모습이다. 막다른 오르막길 끝에 자리한 사약마르카는 남쪽의 절벽을 끼고 좁고 가파른 계단으로만 이를 수 있다. '도달할 수 없는 곳에 자리한 도시'라는 뜻의 케추아어 사약마르카, 1941년 탐험가 폴 페호스1897~1963가 처음 이름을 붙였다.

유적지는 불규칙한 산등성이에 있다. 많은 방과 마당, 수로와 제의용 샘물이 모두 작은 테라스로 이루어진 벼랑 끝에 아슬아슬하게 걸려 있다. 유적지 중앙에 자연 암반을 그대로 이용해 공간을 구성하고 그 위에 돌을 쌓아 만든 흔적이 남아 있다. 아마 중심임을 상징적으로 나타내는 기념비였을 것이다.

작은 주택이나 궁전이나 모두 중심이 있다. 중심은 모든 동선이 거쳐 가는 곳이자 공간을 통제하는 곳이다. 유적의 중심 공간을 인위적으로 쌓지 않고 자연 지형을 이용해 전체 배치를 결정한 것은 놀라운 일이다. 학자들은 이 유적지가 지리적으로 찾기 어려운

사약마르카 유적으로 가는 길.

곳에 있다는 이유로 하늘을 관찰하는 신성한 장소라고 주장하기도 한다. 아마 자연석 위에 우뚝 올라탄 중앙 기념비가 바로 천문대였을 터.

돌아나오는 수고를 보상이라도 해주는 듯 동북쪽 계곡 아래 '콘차마르카'라 불리는 반원형 피라미드가 나타난다. 천 길 낭떠러지 아래 작은 쪽배처럼 떠 있는 콘차마르카는 사약마르카에 딸린 부속 건물로 제례 의식을 치렀던 것으로 보인다. 직사각형 형태 속에 동쪽과 서쪽 방이 가운데 마당을 중심으로 서로 마주 보고 있다. 북쪽에 자리한 ㄷ자 방이 남쪽 마당을 향해 열려 있는 잉카의 전형적인 건물 형태다. 그 자체로 완벽한 석조 건축물이다.

콘차마르카 앞으로 내려서는 순간 굴처럼 우거진 열대우림을 만났다. 타원형 방 왼쪽으로 정교하게 쌓아올린 석축이 보이고 그 옆으로 섬세하게 조성한 작은 수로가 흐른다. 잉카인의 토목 기술이 쿠스코와 마추픽추에 그치지 않고 모든 도시에 적용된 것이다.

눈 위의 도시

열대우림을 빠져나오자 차키코차 캠프장이 나타났다. 작은 강줄기가 넓은 개활지를 품고 나지막이 흐르는 둥근 습지 곁의 좁은 마당에 텐트를 폈다. 짐꾼이 모기를 쫓기 위해 독특한 향의 풀을 넣고 피워 올린 연기를 천막 속으로 불어넣었다. 쇠고기 스테이크와 파에야, 콩 수프의 향이 곳곳에 스며든다.

다시 가파른 절벽 앞에 섰다. 암석 가운데로 길쭉한 굴이 나 있고, 한 사람이 겨우 지날 수 있는 정도의 계단이 이어진다. 굴에서 나와 몇 발짝 걸어가자 삼각뿔 모양의 굴이 또 반듯하게 나타난다. 잉카인은 석축을 쌓을 수 없는 절벽에 맞닥뜨렸어도 절망하지 않고 20m의 굴을 뚫었다. 손과 돌만으로 단단한 암석에 구멍을 뚫은 잉카인의 열정이 손에 잡힐 듯하다.

푸유파타마르카3,680m에 이르는 트레킹은 열대우림 속 긴 터널을 지나듯 깊은 숲길이 이어진다. 밀림을 헤치며 푸유파타마르카 야영장에 오르자 마침내 잉카의 길은 안데스의 서쪽에서 동쪽 산등성이로 갈아타기 시작했다. 와이나픽추 정상2,720m이 구름 속에 살짝 얼굴을 드러내고, 언덕 아래 유적지가 조심스럽게 허리를 드러낸다.

1915년 푸유파타마르카를 발견한 빙엄은 이 유적지를 코리와 이라치나로 명명했다. 그러나 쿠스코에서 마추픽추로 가는 철로변 88km 지점에 같은 이름을 가진 유적지가 있다는 것을 알지 못했다. 푸유파타마르카라는 이름은 이곳을 탐험한 페호스가 눈 위의 도시, 마을, 장소라는 뜻으로 붙였다. 장소와 이름이 딱 맞아떨어지는 경우가 있다면 푸유파타마르카가 그럴 것이다.

01 잉카인은 암석을 뚫어 20m의 길이의 길을 만들었다 .
02 산등성이에 아슬아슬하게 자리한 푸유파타마르카 유적.

유적지는 피르카돌과 돌 사이를 좀 거칠게 짜 맞추는 고대 건축 양식이라고 불리는 건식 마름돌 쌓기 공법으로 지어졌다. 중앙 돌출 부분의 계단을 중심으로 유적지 양쪽이 정반대의 형상이다. 푸유파타마르카로 다가서는 순간 전형적인 잉카 테라스의 간결함에 압도되는데, 정상에 오르는 순간 서쪽은 동쪽과 완연하게 다른 모습에 놀라게 된다. 동쪽의 기하학적 모양의 테라스가 서쪽으로 휘어질수록 주름을 말아 올린 듯 우그러져 있기 때문이다. 동쪽에서 만나는 직사각형 샘은 그 아래로 연속된 여섯 개의 샘으로 이어진다. 서북쪽 경사지의 건물 유적은 말미잘 모양으로 구불구불한 자연의 주름을 따라 벽을 쌓아올린 특이한 공간이다.

건축적으로 하나의 공간을 다른 형태와 구조로 둘러싸는 것은 결코 평범한 구상에서 나온 것이 아니다. 특별한 목적이 있지 않고는 불가능하다. 푸유파타마르카를 보면서 빌바오 구겐하임 미술관이 떠오른다. 미술관의 외관은 빌바오강 방향으로 유선형의 곡선이 굽이치지만, 도시를 향해서는 기존의 박스 건물과 비슷하게 직선축의 돌로 마감돼 있다. 도시와 조화를 이루면서도 구겐하임만의 독창성을 잃지 않기 위함이다.

어디서도 본 적 없는 이 독특한 공간에서 잉카인은 도대체 무슨 일을 한 것일까. 오른쪽이 기하학적 배치라면, 왼쪽은 자연의 산등성이에 아슬아슬하게 자리한 자유 곡선 배치다. 빛과 어둠, 기쁨과 슬픔, 자유와 구속 같은 극적인 대비를 불러일으킨다. 이들은 왜 가파른 경사지의 절벽을 따라 삐뚤삐뚤 벽을 쌓았을까.

여섯 개의 샘이 기하학적으로 인접해 있는 것으로 미루어보아 신성한 의식을 치렀던 곳으로 짐작된다. 테라스 상부에 자리한 반 원형 탑은 군사용 전망대로 추정될 만큼 사방을 한눈에 굽어볼 수 있다. 이곳에 서면 저 멀리 비탈진 산등성이에 손에 잡힐 듯 누워 있는 태양의 장소 인티파타2,850m와 마추픽추를 병풍처럼 막고 있 는 태양의 문 인티푼쿠2,650m의 그림자를 내려다볼 수 있다.

태양이 머무는 자리

푸유파타마르카 서쪽으로 7km 떨어진 인티 파타로 가는 길. 이끼 가득한 벽을 따라 완 만한 원호를 그리는 곳에서 야마 두 마리가 세상 가장 편하게 걷고 있다. 야마는 원래 이 동물의 이름이 아니다. 에스파냐 정복자가 "이 동물의 이름이 뭐지Como se Llama?"라고 한 데서 야마Llama가 이름이 됐다.

수직으로 깎아지른 계단을 내려가기가 무섭게 뒤를 돌아보았 다. 층층이 쌓아올린 곡면의 석벽이 하늘에 벌집처럼 다닥다닥 붙어 있다. 돌계단이 대나무 숲 사이로 내리꽂히듯 깊게 이어진다. 해발 3,670m 고지에서 야영장까지 1,000m쯤 수직으로 떨어지는 느낌이다. 자욱한 안개 사이로 인티파타 테라스가 경사지에 불룩하게 솟아 있다. 거뭇거뭇한 석축 테라스가 층층이 절벽에 박혀 있다.

가지런히 포장된 돌계단을 따라 끝도 없이 하강하는 숲길이 열리고 닫히기를 반복하더니 마침내 석굴이 막아선다. 돌의 결을 따라 길쭉한 타원 모양으로 난 굴은 안데스의 여신이 두 손 모아 기도하는 모습이다. 그 속으로 난 계단은 자주 허리를 구부려야 지날 수 있다. 마지막 계단에 발을 디딜 즈음 오른쪽 벽을 보니 공중에 떠 있는 스커트 자락 같다. 그 사이로 햇빛이 얼굴을 들이민다. 순간 굴은 빛 속에 떠 있는 구름다리로 바뀌었다. 굴을 벗어나자 발밑으로 우루밤바강이 굽이쳐 흐른다.

1941년 페호스의 탐험대가 발견한 인티파타는 마추픽추와 고개 하나를 사이에 두고 있지만 마추픽추와 완벽하게 차단돼 있다. 페호스는 '태양의 자리'라는 의미로 이곳을 인티파타라고 불렀다. 아침마다 해가 테라스를 비추면 인티파타는 대지의 여신처럼 일어난다.

무거운 배낭을 야영장에 벗어던지고 테라스로 다가섰다. 야마 떼가 한가롭게 노니는 풀밭을 지나 작은 목책 다리를 건너 유적지 사이를 걸었다. 거대한 테라스의 물결이 해일처럼 몰려와 금방이라도 덮칠 기세다. 칼날같이 날카로운 돌이 절벽에 층층이 박힌 가파른 테라스 중앙에 수직 사다리가 있다. 네 발로 기어오르자 어느새 계단은 사라지고 오른쪽으로 난 샛길이 나온다. 좀 더 올라가자 인티파타의 상부 테라스와 하부 테라스 사이를 구분하는 길이 나온다.

인티파타의 허리를 따라 걸어가는 순간 왼쪽의 천 길 낭떠러지 절벽에는 테라스가, 오른쪽 위로는 건물 유적지가 망루처럼 서 있다. 상부 건물 유적지로 올라가는 가파른 계단이 하늘에 걸려 있어 네 발로 기듯이 올랐다. 왼쪽으로 의식용 샘이 낮게 자리하고 계단을 따라 을씨년스러운 유적지가 서 있다. 건물 내부는 담장으로 칸칸이 막혀 있어 전체적인 형상을 가늠할 수 없다.

거대한 인티파타의 테라스는 산등성이를 수직으로 구획하는 중앙 계단과 좌우 세 개의 다른 계단으로만 오를 수 있다. 유적지 상부에 있는 공간은 잉카 건축의 전형인 사다리꼴 문과 벽감과 창으로 이루어졌다. 급경사진 테라스 형태에 맞춰 자연스러운 곡선의 돌담이 방을 에워싸고 있다. 2층으로 된 방에는 독특한 절구 모양의 돌이 놓여 있는데, 정확한 용도는 알 수 없다. 중요한 제의가 이곳에서 벌어지지 않았다면 이런 절벽에 테라스를 쌓고 건물을 짓지는 않았을 것이다.

인티파타

1941년 폴 페호스의 탐험대가 발견한 곳으로 '태양의 자리'라는 의미로 '인티파타'라고 불렀다. 아침마다 해가 테라스를 비추면 인티파타는 대지의 여신처럼 일어난다. 마추픽추를 지키는 마지막 요새로 추정된다.

01 상부에서 아래를 내려다 본 모습.
02 하부에 위치한 신전.
03 하부에서 상부로 테라스 중앙에 가파르게 이어지는 계단.

01

03

거대한 인티파타 유적지는 멀리서는 엎어놓은 소쿠리 같아 부드러워 보이지만, 가까이 가보면 날카로움이 앞선다. 잉카 시대처럼 지붕이 덮여 있다면 아마 작은 창문 밖으로 안데스의 산하가 걸렸을 테지만, 지금은 시커먼 돌담으로 뻥 뚫린 하늘만 마주할 뿐이다. 등을 마추픽추에 기댄 인티파타는 저만치 잉카의 길을 굽어보고 있다.

마추픽추를 지키는 마지막 요새임에 틀림없다. 가파른 수직 계단이 한 치의 흐트러짐도 없이 48개의 테라스를 이어주지만 중앙 계단의 머리는 아직 제대로 복원되지 않은 채 흙 속에 묻혀 있다. 신성한 샘물은 서남쪽 테라스 상부에 설치된 수로를 따라 쉬지 않고 흘러내린다.

그 넉넉한 품

야영장에서 진한 커피 한 잔으로 지친 다리를 위로한 뒤 다시 동쪽으로 10분을 걸어가니 위냐이와이나_{2,630m} 출입구가 나온다. 평탄한 길을 따라 위치한 위냐이와이나 유적지는 오목한 소쿠리 모양이라 어느 한 부분도 눈을 불편하게 하는 곳이 없다. 인티파타가 거친 남신의 일부라면, 위냐이와이나는 여신의 품이나 마찬가지다. 파차마마가 두 팔을 벌려 지친 영혼을 품어주는 것 같다. 서쪽 산등성이에 위치하는 까닭에 석양의 끝자락에서 오랫동안 물들고 있다.

인티파타와 위냐이와이나는 산등성이를 사이에 두고 나란히 누워 있지만, 인티파타에서는 위냐이와이나의 존재조차 알 수 없다. 인티파타는 동쪽 산등성이에, 위냐이와이나는 서남쪽 산비탈에 있기 때문이다. 유적 전체의 모습을 한눈에 보여주기를 거부하는 인티파타와 반대로 위냐이와이나는 한눈에 전체 모습을 펼쳐 보인다. 모성적인 공간의 위력이다.

『DISCOVERING MACHU PICCHU』에 따르면 위냐이와이나는 페호스가 발견했으며, 1942년 그와 페루의 고고학자 홀리오 C. 텔로1880~1947가 함께 연구했다. 위냐이와이나는 이 지역에 많이 서식하는 난의 이름으로, 영원한 젊음을 상징한다. 테라스 입구에는 위냐이와이나를 상징하는 키 낮은 나무가 가지를 수평으로 펼치고서 붉은 꽃대를 주렁주렁 매달고 있다.

위냐이와이나 꽃의 반은 잉카인의 유산이고 반은 에스파냐 침략자의 유산이다. 이 일대는 열대운무림 지역이라 수많은 꽃과 동물에게 이상적인 곳이다. 여기에 반해 계곡 가까이 위치한 유적지는 거대한 테라스의 남쪽 사면을 따라 기하학적 모습으로 질서 있게 배치돼 있다.

수직의 계단과 맞물려 테라스 형식의 샘 여러 개가 상하의 건축물을 긴밀하게 연결한다. 상부 유적지의 내부는 이중 문설주를 통해 들어간다. 들어갈 때는 하늘을 이고, 나올 때는 안데스의 절경을 품는다. 반원형 공간이 넉넉하게 마중한다. 반원형 탑은 질이 조금 떨어지는 막돌로 쌓았지만 벽에는 잘 가공된 사다리꼴 창문과 인방 좌우로 돌출된 원형 봉이 정교하게 놓여 있다. 거친 문설주에 달린 잘 가공된 돌 경첩이 방금 만든 것인 듯 손으로 돌리니 빙글빙글 돌아갔다. 돌 틈 사이로 잡풀이 무성하다.

이곳의 성격을 두고 의견이 분분하다. 종교 의식을 치르는 장소였다는 주장과 주변을 한눈에 굽어볼 수 있는 요충지인 까닭에 관측소나 군사 시설이었다는 설도 있다. 잉카 시대에 권력과 신앙 숭배는 중세의 요새가 교회와 성을 동시에 상징하던 것과 비슷하다. 가장 높은 곳에 망루와 신을 섬기는 제단을 설치하고, 그 아래에 제사장의 목욕 공간, 그 밑에 귀족 거주지를 만들었다는 것은 잉카 유적에서 반복적으로 나타나는 배치다.

주거지와 신전 사이를 이어주는 열 개의 도드라진 샘이 직사각형 형태로 열 지어 박혀 있다. 테라스 중턱에 돌출된 일련의 의식용 샘은 상부와 하부 유적지를 징검다리처럼 이어준다. 테라스의 경사에 맞게 계단을 설치하고 그 옆으로 직사각형 샘을 배치한 것은 기능적, 미적으로 볼 때 완벽하다. 건축은 순간의 환상으로

위냐이와이나

인티파타와 위냐이와이나는 산등성이를 사이에 두고 나란히 누워 있다.
각각 동쪽, 서남쪽 산비탈에 있기 때문에 서로의 존재조차 알 수 없다.
이곳의 용도를 두고 종교적 장소였다는 설과 주변을 한눈에 굽어볼 수
있는 요충지인 까닭에 관측소로 쓰였다는 주장도 있다.

01

02

01 테라스를 따라 설치된 층층의 샘.
02 산등성이를 감싸고 자리잡은 테라스.

짓기에는 너무 지루하고 힘든 작업이다. 완벽한 건축물일수록 그 시대의 문화와 철학과 가치가 통째로 투영될 수밖에 없다. 잉카 유적에 공통된 구조와 디테일이 반복되는 것은 잉카 문화의 일관성을 대변한다.

동남쪽 개울로 이어지는 지점에 잉카 시대 통나무다리가 놓여 있다. 이 다리에서 계곡 위를 바라보면 천연 암반에서 떨어지는 위냐이와이나 폭포를 마주할 수 있다. 기하학적으로 연속된 샘물 아래 자리한 하부 건축 유적지는 1, 2층 구조가 혼재한 기하학적 배치로 테라스의 선형을 따라 자연스럽게 위치한다. 2층 규모의 건물이 둘러싼 작은 광장 중앙에 마름돌로 쌓은 직사각형 모양의 단이 놓여 있는 것으로 미루어 보아 여기서도 의식을 치렀음을 짐작할 수 있다. 돌단이 전체 공간을 지배해 중심을 강조하고 있다.

태양의 문

새벽 3시, 가이드의 기상 소리가 귓가를 때린다. 텐트 안에 물이 흥건하고 매트리스는 배처럼 물에 떠 있고 배낭과 옷가지는 젖었다. 판초 우비를 뒤집어쓰고 헤드 랜턴을 쓰고서 20여 분 거리의 적막한 숲길을 걸었다. 중력과 시간이 소거된 안데스의 어둠은 깊고 무겁다. 저만치 가는 불빛이 박공지붕에 걸려 있다. 움막 아래 외쪽

나무 벤치에 젖은 엉덩이를 걸치자 추위가 옷깃을 파고든다. 작은 비닐봉지에 담긴 빵과 음료로 허기를 달래며 졸았다.

5시가 가까워오자 한 무리의 여행자가 좁은 등산로를 빼곡 채우더니 그림처럼 반듯하게 줄을 섰다. 5시 30분, 체크포인트에 불이 들어오고 게이트가 열리자 사람들이 천국을 만난 듯이 뛰어간다. 마추픽추를 향한 소망이 담긴 마지막 발걸음이 이어졌다. 해발 2,650m에 위치한 인티푼쿠로 가는 3.5km 여정이다.

인티푼쿠는 케추아어로 '태양의 문'이라는 뜻이다. 아침마다 잉카의 태양이 마추픽추 태양 신전으로 다가서기 전에 여기서 고개를 내밀었고, 잉카인의 하루를 열었을 것이다. 마추픽추가 손에 잡힐 듯 가깝구나 싶은 생각이 들 때마다 길은 꿈틀거리며 뒷걸음질친다. 하지만 호기심을 꺾을 수 없다. 오솔길이 마지막 고개를 바짝 세운다. 600년의 시간을 당기는 발걸음이 떨린다. 높다란 계단을 오르자 인티푼쿠라는 작은 표지판이 석벽에 기대 서 있고, 그 오른쪽으로 입구가 열려 있다.

인티푼쿠를 지나 1km를 가면, 마추픽추 테라스가 그 위용을 드러낸다. 잉카인이 걸었던 길은 산허리를 따라 포물선을 그리며 촘촘하게 포장돼 있다.

잉카 트레킹의 마지막 클라이맥스인 인티푼쿠. 안개 바람이 어지럽게 마추픽추를 흔들자 거대한 운무가 여신의 치맛자락처럼 마추픽추의 얼굴을 가렸다 열었다 장난친다. 3박 4일 여정의 트레킹은 인티푼쿠에 오르기 위한 징검다리에 불과하다. 일출을 보기 위해 새벽길을 달려온 마음은 호기심으로 달아올랐다.

직사각형의 방이 나오고 그 왼쪽으로 벽이 트여 있다. 마추픽추의 태양 신전을 향해 난 작은 창문으로 섬광처럼 날아가는 그 빛을 보고 싶다. 그 앞으로 이어지는 경사길이 뱀처럼 구불거리며 협곡을 두르고 있다. 승합버스가 버거운 허리를 틀며 기어오른다. 마추픽추 테라스가 잠시 드러나는 순간 그 뒤로 와이나픽추가 위엄 있게 고개를 내민다.

인티푼쿠는 거대한 콘도르의 입으로 들어가는 진입도로로 연결돼 있다. 잉카 제국의 영혼이 소통하는 인티푼쿠는 지난 세월 동안 단 한 순간도 일출을 멈춘 적이 없다. 날마다 태양의 손길에 깨어나 숨 쉬는 마추픽추의 숨구멍이다. 인티푼쿠는 또한 인공적으로 쌓아올린 테라스 절벽 위에 서 있는 잉카의 눈이자 태양의 길목을 지키는 천문관측소였다.

인티푼쿠의 설렘을 가슴에 안고서 1km 거리의 마추픽추 신전으로 향한다. 그 옛날 잉카인이 걸었던 길은 산허리를 따라 포물선을 그리며 촘촘하게 포장돼 있다. 북쪽 하늘에 와이나픽추가 우뚝 솟아올랐다. 와이나픽추 앞으로 열린 석조 유적에 홀려 어린아이처럼 총총 뛰었다. 포석으로 다져진 길은 우아하게 타원을 그리며 콘도르의 입속으로 빨려 들어간다.

마추픽추 봉우리와 푸투쿠시 봉우리가 만나는 선상에 직사각형의 유적이 나타났다. 안데스의 신, '아푸스'에게 의식을 올리던 제단은 섬세한 조각으로 반짝거린다. 제단을 둘러싼 방 내부에 설치된 정갈한 벽감은 잉카의 성직자가 의식을 준비하는 공간이었을 것이다.

구름 아래 테라스가 조각처럼 걸려 있다. 우루밤바강이 와이나픽추 봉우리를 하늘 높이 밀어올리고, 구름이 마추픽추의 얼굴을 가렸다 풀었다 한다. 깎아지른 절벽을 따라 부드럽게 돌아선 길이 테라스 사이를 직선으로 가르자 왼쪽 테라스 위로 망루가 우뚝하다. 테라스가 켜켜이 돌의 띠를 두르고 우루밤바강으로 거침없이 미끄러진다.

위대한 잉카의 힘과 논리는 예측을 거부하며 상상력의 한계를 지워버렸다. 마침내 그 모습을 드러낸 마추픽추의 존재는 현실이지만 그 존재의 이면에서 피어오르는 신비는 도저히 어찌할 길이 없다.

인티푼추로 오르는 계단.

마추픽추 테라스로 들어가는 길.

계단식 테라스의 비밀

마추픽추는 언뜻 보면 해자_{빗물과 하수를 흘려보내는 통로}와 성벽을 중심으로 남쪽은 테라스, 북쪽은 도시 유적이다. 도시 유적도 반은 건물이 앉아 있고 반은 테라스로 비어 있다. 마추픽추는 비밀스럽게 쌓아올린 계단식 테라스 위에 건물이 한 몸처럼 서 있다. 이집트 피라미드가 거대한 기하학적 돌 텐트라면, 마추픽추는 급경사지에 자연과 조화를 이루는 계단식 피라미드다. 잉카인은 마추픽추_{늙은 산봉우리}와 와이나픽추_{젊은 산봉우리} 사이의 구릉지에 테라스를 무심하게 쌓아올린 것이 아니다. 그들이 믿는 하늘의 신 콘도르 형상으로 테라스를 쌓아올리고 콘도르의 심장부에 왕궁과 신전을 짓고 그 주위에 기능에 맞춰 다양한 주거 건축을 지었다. 기하학적이지만 전체적으로 자연의 일부처럼 계단식 테라스를 쌓아올렸다.

잉카인은 산봉우리의 불규칙한 경사지에 집을 짓기 위해 경사도가 50퍼센트에 육박하는 사면에 테라스를 쌓아올렸다. 마스타바_{이집트 초기의 피라미드} 형태처럼 한 단 한 단 테라스를 쌓아 마지막 꼭대기까지 폭우와 지진에도 끄떡하지 않는 단단한 건축물을 만들었다. 마추픽추엔 미학적, 구조적, 공학적 요소가 모두 씨실과 날실처럼 촘촘하게 엮여 있다.

남쪽의 거대한 농경 테라스 지역뿐 아니라 요새 안의 궁전 그리고 일련의 주거 건축 지역도 모두 테라스 위에 올라타고 있다. 마추픽추는 단순히 아름다운 공중 도시가 아니다. 여기에는 콘도르의 이미지, 합리적인 도시 계획, 철저히 계산된 수로가 도시 중심으로 흐른다. 도시 인프라를 구축하기 위해 구조공학, 토목공학, 천문기상학 등이 융합된 건축공학의 결정판이다.

해발 2,450m에 이르는 고지에 마추픽추는 오늘도 말없이 그 자리를 지키고 있다. 테라스와 도시를 만든 어떤 단서나 건축디테일을 남겨놓지 않았다. 지금까지 마추픽추의 신비를 시원하게 풀어줄 특별한 장비를 발견한 것도 없었다. 로마인들이 이용한 도르래나 오늘날 크레인의 초기 단계인 기계의 도움도 받지 않고 마소의 도움도 없이 오직 원시적인 도구만으로 수십 톤의 돌을 캐서 절벽 위로 옮기고 또 그 돌을 안전하게 세웠다. 벽돌을 만들다 떨어진 자투리와 자갈로 테라스를 쌓아올렸다. 현대의 건축공학으로도 만만찮은 작업이다. 폭우와 지진으로 돌담이 무너져 절벽 밑으로 굴러 떨어질 위험을 항상 안고 있었다.

고작해야 학자들이 발견한 것은 고대 이집트 피라미드 공사에 사용됐다고 주장하는 썰매와 사다리 정도다. 그 외는 모두 사람의 손으로 이루어냈다. 수직으로 내리꽂히는 위험한 정상에 마추픽추가 서 있다. 지극히 아름다운 테라스 속에 무서운 희생이 있었음을 눈치 챈 파블로 네루다1904~1973는 《마추픽추 산정 Ⅲ》에서 이렇게 적었다.

"쓸모없는 행동들의 곡창, 불쌍한 사건들의 곡창에서 옥수수처럼 탈곡되었다. 참을성의 끝까지, 그리고 그걸 넘어서, 그리고 하나의 죽음이 아니라 수많은 죽음이 각자한테 왔다.(중략)"

마추픽추가 자리한 위치는 지진이 잦은 환태평양 화산대 지각판 위에 걸터앉아 지각변동으로 침하한 지대다. 지진과 폭우로 테라스가 허물어지면 삽시간에 모든 것이 쓸려 내려갈 수 있다. 연중 2,000mm가 넘는 폭우와 지진에도 지금까지 꿋꿋이 서 있는 테라스는 이 모든 장애를 이겨내었음을 의미한다. 테라스의 상세한 도면에 따르면 빗물이 스며들면 쉽게 흙으로 흡수되고, 잉여의 물은 외부로 흘러가게 설계돼 있다. 직접 실험 해보진 않았지만 지금까지 서 있는 테라스가 이 사실을 증명하고 있다. 상부에서부터 테라스가 흡수할 수 있는 양을 제외한 나머지는 하부 테라스를 적당히 채우고 나서는 외부 하수도로 신속히 흘러내려갈 수 있도록 설계됐다는 뜻이다.

마추픽추 테라스의 가장 큰 비밀은 테라스 단면도에 나와 있듯이 테라스 벽이 5도 산비탈안쪽으로 기울어져 있는 것이다. 5도의 기울기에 대한 과학적인 해석은 발견할 수 없었다. 마추픽추의 모든 건물 벽은 모두 안쪽으로 15도 누워있다. 왜 15도로 기울어져 있을까. 건축가로서 한 가지 재미난 부분은 15도로 테라스 벽이 기울어져 있으면 경작지의 면적이 턱없이 줄어든다는 것이다. 높이 1m 정도의 테라스 벽이 가장 안전하게 구축될 수 있는 마지막 한계선이 5도였음을 잉카인들이 경험으로 발견한 것이다. 잉카인들은 경작지를 최대로 확보하는 것과 동시에 테라스의 구조적 안전성을 갖추기 위해 수없이 실험하며 지금의 테라스 구조를 개발하였을 것이다. 그 다음에 빗물을 적당히 받아들이고 잉여의 물은 과학적으로 설계된 배수로를 따라 해자로 흘러내리도록 설계한 것이다. 이로서 마추픽추의 의식과 생활에 필요한 식량은 이곳 테라스에서 경작해 자급자족할 수 있었다.

내셔널지오그래픽에서 제작한 〈잉카 제국의 마추픽추〉에는 계단식 테라스가 허물어져 다시 시공한 부분이 나온다. 마추픽추의 계단식 테라스 남쪽 부분에 자리한 그 테라스를 찾아 나섰다. 대

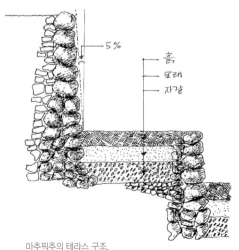

마추픽추의 테라스 구조.
〈Machu Picchu: A Civil Engineering marvel〉참조.

부분의 테라스는 반듯한 선형으로 계단식으로 쌓여있지만 유독 건식 해자마추픽추 농경 테라스와 도시 영역을 구분하는 도랑와 가까운 농경 테라스 상부에 형태가 조금 어긋난 테라스가 얼기설기 박혀 있다. 거대한 마추픽추 테라스의 남쪽상부의 일부 테라스가 눈에 드러나게 뒤틀려 있다.

잉카의 기술자는 지반을 적당히 파내고 맨 아래쪽에 작은 돌을 촘촘히 박아 넣은 다음 그 위에 좀 더 큰 돌을 5도의 경사를 지어가며 1m 높이로 쌓아올렸다. 벽 안에 작은 돌로 큰 돌의 틈을 촘촘히 메우고 밑에서부터 자갈, 모래, 흙부식토와 표토을 채웠다. 큰 돌 위에 작은 돌을 놓고, 그 위에 모래와 부식토, 표토를 덮었다. 그리하여 좁은 틈 사이로 빗물이 천천히 빠져나와 밭에 고르게 뿌려지도록 했다. 빗물의 흐름을 조절하고 표토의 부식을 방지한 것이다.

그리고 비탈의 맨 아래쪽 테라스의 벽 내부에 큰 배수로를 설치해 물이 테라스를 쓸어내리지 못하도록 했는데, 이렇게 해서 위에서 쏟아지는 빗물이 안전하게 산 아래 계곡으로 배출됐다.

잉카인들이 일부러 테라스의 수평선을 어긋나게 쌓을 필요가 없다. 뒤틀려 쌓으면 그만큼 시공이 까다롭다. 이는 학자들의 말처럼 테라스가 허물어져 다시 쌓은 흔적이 맞을 가능성이 높다. 자연석이 놓여 있어 일부러 그렇게 쌓은 것도 아니다. 5도 안쪽으로 쌓아올릴 정도로 과학적인 시공법에 익숙한 잉카 기술자들이 일부러 수평 열을 지키지 않으며 쌓을 이유가 없다. 불규칙하게 테라스 벽을 쌓아올리는 것은 작업 효율과 배수에 모두 취약하다. 이는 잉카

마추픽추 테라스 전경. 꼭대기에 박공지붕을 눌러쓴 망루가 솟아 있다. 왼쪽 경사지로는 경비병의 집이 차례로 위치하고 있다. 사진의 오른쪽에는 귀족 주거지가 자리하고 있다.

기술자들이 시행착오를 거치며 무너지지 않는 테라스를 쌓아올렸다는 것을 증명하는 것이다.

2007년 강도 8의 지진에도 테라스가 무너지지 않고 그 자리를 지키고 있었다. 잉카 기술자들도 수십 년의 세월동안 하늘의 별을 관찰하며 춘분과 추분, 하지와 동지의 날짜를 찾아냈듯이 수많은 시행착오 끝에 가장 경제적이고 과학적인 테라스 구조를 찾아냈다.

오늘날에도 집을 지울 때 가장 중요한 것은 지반을 안전하게 다지고 석축을 쌓는 일이다. 중력이 작용하는 건물이 지진에 흔들리거나 폭우로 침하하는 순간 건물은 한순간에 무너지기 때문이다. 경사가 50도에 육박하는 산비탈에는 더욱 위험하다. 비탈의 흙을 적당히 긁어내고 돌을 위계5도 안쪽으로 기울어짐대로 쌓고 그곳에 자갈, 모래, 흙을 일정 비율로 채우는 방법까지 찾아낸 것은 한마디로 기적이다. 건축설계도는 항상 모든 경우를 대비하는 것이 아니라 가장 대표적인 몇몇 경우를 적용한 표준설계도에 불과하다. 각각의 지반 구조가 다를 경우 그 특성에 맞게 맞춤시공을 할 수밖에 없다.

따라서 마추픽추의 테라스는 한순간에 기적적으로 만들어낸 기념비가 아니라 끊임없는 시행착오 끝에 안전한 구조와 배수 설비를 갖출 수 있었다. 오늘날 여행자의 눈으로 확인할 수 있는 낙수용 홈은 많지 않다. 기록에 따르면 낙수용 홈이 모두 130여 개에 달한다고 한다. 이는 산정에 폭우가 쏟아지면 잉여의 물들이 미리 설계된 배수 시스템에 따라 일사분란하게 하수구를 통해 건식 해자로 흘러내린다는 뜻이다. 계단식 테라스는 단순히 아름다운 것이 아니라 무서운 과학을 품고 있는 잉카 건축의 핵심이다.

5.

마추픽추

잃어버린
도시 속으로

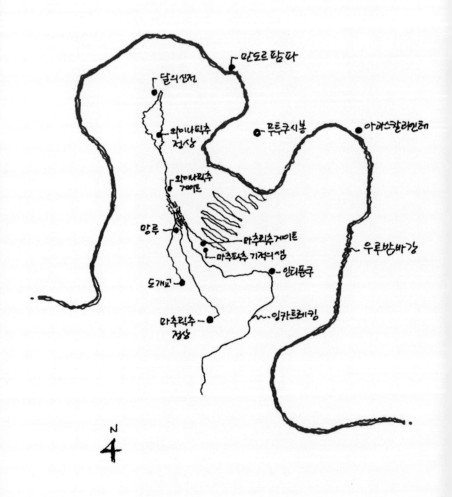

마추픽추 테라스와 와이나픽추

쿠스코 북동쪽 안데스의 고원과 열대우림이 교차하는 산등성이 위에
마추픽추가 남북으로 길게 앉아 있다. 남쪽에는 농경 테라스가, 북쪽에는
건물 유적이 직사각형 테라스 위에 겹겹으로 있으니, 마치 두 손을
꽃송이처럼 펼친 듯한 모습이다. 남쪽 테라스와 북쪽 도시 영역은
마치 칼로 자르듯이 해자와 성벽으로 단절돼 있다. 그러나 하늘에서
보면 테라스와 도시 영역은 거대한 콘도르 형상이다. 빌카밤바 산맥의
북쪽 우루밤바강이 굽이쳐 흐르는 협곡 위 산정에 비밀스럽게 자리한
마추픽추. 잉카 제왕의 절대 권력이 조각한 하늘 신전이다. 타호강의
물줄기가 협곡을 깊게 가르는 산정에 위치한 고도 톨레도가 에스파냐의
심장이라면, 마추픽추는 안데스 산맥을 호령하던 잉카 제국의 심장이다.

• 마추픽추의 전체적인 형상은 와이나픽추에서 촬영된 사진으로 확인할 수
있다. 미리 머릿속에 그려보고 싶다면 P.236~237를 펴보면 된다.

마추픽추에 다가서기

잉카 정통 트레킹 코스를 따라 마추픽추에 다가서자 테라스 서쪽 언덕에 망루가 우뚝하다. 침묵의 시간 위로 가슴 떨리는 곳, 눈앞의 광경이 예측을 벗어나고, 상상력이 옷을 갈아입는 마추픽추다.

세상 사는 일이 시들해지고 삶을 포기하고 싶을 때 마추픽추에 서는 순간, 인간이 만들었다고는 도저히 상상할 수 없는 돌의 신전 앞에서 망연자실하게 된다. 원시성을 가진 존재로 다시 태어날 수 있는 에너지를 얻는다. 깊고 춥고 텅 빈 건물 속, 그림자 위에 그림자가 겹치는, 잉카의 전설이 숨어 있는 그곳에서 감동하게 된다.

산봉우리 끝 절벽에 겹겹의 테라스로 쌓아올린 거대한 피라미드가 구름 아래 놓인 곳, 그 위대함에 고개가 끄덕여지는 곳, 21세기가 결코 잉카 시대보다 뛰어나지 않음을 절감하게 되는 곳이 마추픽추다. 인간의 손과 돌만으로 건설했다고는 도저히 믿을 수 없는 불가사의가 눈앞에 있다.

우루밤바강이 흐르는 신성한 계곡을 따라서 잉카인은 다양한 종교시설을 갖춘 주거단지를 세웠다. 그 중에서 마추픽추는 완벽한 기념비다. 잉카인에게 종교, 군대, 경작지는 서로 긴밀하게 연결된다. 로마 제국이 이민족을 점령한 후 황금을 약탈했듯이 에스파냐 침략자 역시 황금을 찾기 위해 잉카 유적을 파괴했지만 다행히 마추픽추는 온전하게 살아남았다.

망루 아래에서 바라본 마추픽추 서쪽 사면의 모습.

태초에 하늘이 조각한 날카로운 산과 깎아지른 듯한 협곡에 기대어 기하학적으로 조형된 마추픽추는 자연과 인간의 완벽한 하모니를 보여준다. 구름과 빛과 안개와 그림자만이 잠시 머물다 가는 봉우리에 인간이 조각한 마법의 성이라니, 더욱이나 깊은 잠을 자고 있었던 것은 기적이다.

테라스 옆구리로 난 비탈길을 따라 마추픽추 게이트로 내려갔다. 배낭을 맡기고 표를 손에 쥐고 정문을 통과하여 경비병의 집으로 향했다. 쿠스코에서 기차를 타고 아과스칼리엔테스에서 내려 버스를 갈아타고 마추픽추 요새로 진입하는 여행자나 정통 잉카 트레킹 코스를 통과하는 여행자나 다음 일정은 똑같다.

마추픽추 입구의 절개지에 빙엄을 기리는 동판이 새겨져 있다. 밀림 속에서 잠자던 마추픽추를 깨운 사람으로 기억된다. 그러나 그는 마추픽추에 다가선 최초의 서양인에 불과하다. 에베레스트 고봉을 가장 먼저 발견한 산악인은 없다. 에베레스트는 원래 그 자리에 있었다. 알피니스트가 셰르파의 도움으로 정상에 설 수 있었듯이 빙엄은 잉카 농부의 도움으로 마추픽추를 찾을 수 있었다. 빙엄의 손을 이끌고 태양 신전으로 향하던 열한 살짜리 인디오 소년, 안데스의 아들 덕분이다.

하이럼 빙엄의 발자취를 따라서

호세 미겔 엘페르 아르구에다스가 쓴 『DISCOVERING MACHU PICCHU』에 20세기 초 미국 예일대학교의 역사학자 빙엄이 마추 픽추를 탐험한 과정이 자세하게 기록돼 있다. 빙엄은 잉카 최후의 저항 군대가 우루밤바강을 따라 빌카밤바로 이동했다는 전설을 토대로 우루밤바강을 따라 신성한 계곡을 탐험했다. 그는 1909년 2월 안데스의 우기를 뚫고 페루 산간 여기저기 돌아다니다 마침내 아푸리막강 협곡 위의 초케키라우 유적지에 도착했다. 당시 그곳은 잉카인이 수많은 보물을 묻어놓은 곳이라고 믿던 곳이지만 벌써 수많은 도굴꾼이 거쳐 간 곳으로 마추픽추가 아니었다.

빙엄은 다시 미국으로 돌아갔다 우연히 1911년 마추픽추 탐험에 다시 나섰다. 쿠스코에서 잃어버린 어떤 도시에 관한 이야기를 들었지만 정확한 정보는 아니었다. 오늘날 오얀타이탐보보다 더 먼 곳에 관한 이야기는 듣지 못했다.

기록에 따르면 빙엄의 탐험 코스는 당시 오얀타이탐보에서 시작해서 우루밤바강을 따라 서쪽으로 나아갔다. 그가 오늘날 켄테약 타파타 인근 지역에 도달했을 때 우연히 강 반대편의 허물어진 유적지를 발견하였다. 오늘날 약타파타가 그의 손에 의해 발견됐다. 그는 계속해서 아과스칼리엔테스를 지나 와이나픽추 북동쪽 우루밤바 강둑 위 만도르팜파에 도착했다. 그곳에서 빙엄은 운명적으로 인디오 농부 소년을 만나고 그에게서 오늘날 와이나픽추 너머 마추픽추 잉카인들이 부르던 늙은 산이라는 뜻의 케추아어산등성이 위에 돌집이 있다는 이야기를 들었다. 빙엄은 케추아어 통역을 해준 쿠스코 경찰과 농부를 앞세우고 오늘날 마추픽추에 올랐다.

그러나 빙엄이 마추픽추에 오른 정확한 코스에 대한 기록은 없다. 만도르팜파에서 바라보면 와이나픽추 북쪽 사면이 바로 눈앞에 다가온다. 만도르팜파에서 달의 신전에 이르는 코스를 따라 안데스 원주민들이 이동하였을 것으로 보인다. 당시 달의 신전에도 사람이 살았던 것으로 짐작된다. 빙엄 일행이 가파른 밀림을 올라 도착할 수 있는 중간 기착지로 제일 유력한 곳이 달의 신전이다. 달의 신전에서 그곳에 살고 있는 원주민으로부터 물과 감자를 대접받으며 쉬어갈수 있었을 것이다. 기록에는 달의 신전이라는 정확

한 자료가 없지만 탐험대가 마추픽추에 이르기 전에 잉카 유적에 사는 농부의 아들 손을 잡고 마추픽추에 올랐다고 기록돼 있다. 달의 신전에서 와이나픽추의 서쪽 기슭으로 난 잉카 시대 길이 있었기 때문이다. 가파른 밀림의 길을 따라 오늘날 신성한 바위 쪽으로 나왔을 것이다. 이 길은 오늘날 달의 신전이나 와이나픽추의 정상에 오르는 코스이기도 하다.

빙엄도 5세기 전의 돌길을 따라 이동하였을 것이다. 소년이 앞장섰다면 이미 수많은 원주민이 이 길을 이용했을 게 틀림없다. 오늘날 우루밤바강에서 마추픽추에 오르는 길은 지그재그 승합버스 길이다. 그러나 빙엄이 탐험할 시기에는 그 길이 없었다. 빙엄이 밀림을 헤치고 마침내 신성한 바위 앞에 섰을 때 오늘날 인티우

트레킹으로 테라스에 들어서면 이런 장관이 펼쳐진다.

아타나태양을 잇는 기둥와 남쪽 귀족 주거지, 그 뒤로 거대한 테라스가 한눈에 들어왔을 것이다. 그때의 느낌은 어땠을까. 밀림으로 덮여 있을지라도 계단식 테라스 흔적이 그의 시야를 가득 메웠을 게 분명하다.

빙엄은 오늘날 중앙 광장을 가로질러 인티우아타나의 정상으로 향했을 것이다. 그곳에서 마침내 동쪽 주거지를 포함해 마추픽추 전체를 한눈에 굽어보았다. 신성한 광장을 거쳐 마침내 남쪽 귀족 주거지 위에 섰을 때 마추픽추의 중심이 한눈에 들어왔을 것이다. 그때 발아래 제일 특이한 태양 신전을 보게 됐다. 그리고 열한 살의 잉카 소년을 따라 덤불 속 대나무 줄기를 타고 신비한 동굴로 내려갔다. 그곳이 오늘날 태양 신전과 왕의 무덤으로 보인다. 그러나 자연석을 조각해 만든 왕의 무덤에는 그 어떤 유물도 발견되지 않았다고 전한다. 이것이 빙엄이 마추픽추를 발견한 여정이다.

400년 동안 잊혀졌던 마추픽추의 신비가 빙엄에 의해 다시 세상 밖으로 걸어 나온 것이다. 마지막 잉카 요새 '빌카밤바'라고 생각했던 마추픽추가 우연히 발견되기까지 400년 동안 말이다. 어쩌면 마추픽추가 스스로 깨어난 것인지도 모른다. 마추픽추가 깊은 잠을 자다 안데스의 질긴 생명력으로 다시 태어난 것이다.

고지대 묘지와 경비병의 집

농경 테라스 남쪽 허리에 줄지어 있는 경비병의 집을 통과해 마추 픽추 요새로 진입한다. 남쪽 절벽에 나란히 기대어 있는 경비병의 집 다섯 동은 테라스 구조물 중에서 가장 눈에 띈다. 남쪽 테라스의 끝선을 따라 층층이 자리 잡고 있는 건물은 마추픽추의 샘과 물길을 보호하는 역할을 했다. 빙엄은 이곳을 요새를 지키는 이들이 기 거하던 경비병의 집이라고 이름 붙였지만, 식량 저장고라고 주장 하는 학자도 있다.

경비병의 집을 지나 테라스 상부에 자리한 망루에 올랐다. 마 추픽추를 굽어보는 것은 몇 번을 보아도 속이 시원하다. 망루 뒤쪽 평평한 테라스에는 '장례용 제단'이라 불리는 자연석이 놓여 있다. 의식용 단으로 사용됐을 것으로 추정되는 이 바위에는 정교하게 조 각된 3단의 계단_{하늘을 상징하는 콘도르, 대지를 상징하는 퓨마, 지하를 상징하는} _{뱀을 의미한다}이 남아 있다. 성직자와 귀족의 시신을 방부 처리하는 데 사용했거나 혹은 다른 형식의 종교 의식을 치르거나 동물과 사 람을 제물로 바쳤던 곳으로 추정할 뿐이다. 이곳에서 일련의 묘지 가 발굴됐는데, 그래서 이곳 일대를 고지대 묘지라고 한다.

고지대 묘지 뒤로 남서쪽 테라스 가장 위쪽에 일련의 건축 구 조물이 줄지어 있다. 산등성이를 따라서 긴 직선의 석축 벽이 서 있 고 그 벽에 출입문 열 개가 있다. 석축은 모두 같은 층에 있으며 눈

절벽에 기대어 있는 경비병의 집.

썹처럼 테라스 상부의 산등성이에 박혀 있다. 바로 아래 경비병의
집이 있는 것으로 미루어 보아 군사용 막사로 사용됐을 것으로 추
정된다. 그러나 일부 학자는 상대적으로 차가운 산바람이 테라스
에 유입되는 것을 막기 위해 설치한 차단막이라고 주장하였다.

이는 테라스의 석축이 낮 동안 태양의 열기에 데워진 공기가
차가운 밤을 견디게 해준다는 논리다. 고지대의 유적들은 밤마다
차가운 구름이 산봉우리의 허리까지 내려왔다가 아침 햇볕에 떠밀
려 하늘로 수직 상승한다. 천을 짜는 섬유 생산 작업장이거나 농산
품 작업장으로 사용됐을 것이라는 주장도 있다. 하지만 어느 것도
명확한 답은 아니다.

열 개의 출입문이 있는 벽, 서남쪽 사면으로 난 비탈길을 따라
내려가면 아찔한 절벽에 걸린 도개교가 나온다. 잉카의 길은 항상
열려 있지만 마추픽추 요새에 아무나 들어갈 수 있는 것은 아니었

01 고지대 묘지에 있는 장례용 제단.
02 고지대 묘지 뒤로 배치된 열 개의 출입문이 있는 구조물.

다. 마추픽추로 통하는 굴과 다리는 하나같이 유사시 적의 침입을 막는 방어 수단이었다. 마추픽추 남서쪽 절벽 허리에 잉카의 길이 아슬아슬하게 걸려 있다.

사람이 건너뛸 수 없을 만큼의 낭떠러지 공간을 가로지르며 위태롭게 놓인 나무 발판, 도개교다. 양측 면에 수직으로 돌담을 쌓아올리고 양쪽 모서리를 한 단 낮게 쌓고 그 위에 걸쳐진 나무 발판에는 소통과 단절이 동시에 일어난다. 그러나 진가는 단절에 있다. 마추픽추 도개교는 적의 통과를 막는 것이 목적이었다. 양쪽 모서리 사이의 중간 부분을 길게 비워둔 것은 유사시 나무 발판을 제거해 적의 진입을 막기 위해서다. 이 길이 잉카 제국의 마지막 저항 도시인 빌카밤바로 이어졌다는 소문이 무성하지만 근거는 없

낭떠러지 위에 위태롭게 놓인 도개교.

다. 천 길 낭떠러지를 이어주는 나무 발판, 도개교에는 빛과 그림자처럼 삶과 죽음이 공존하고 이상과 현실이 동전의 양면처럼 붙어 있다.

마추픽추는 열대우림 지역에 거주하는 호전적인 이민족의 침략을 한눈에 살펴볼 수 있는 군사 요충지에 자리한다. 잉카의 지배자는 1년에 한 번씩 마추픽추에서 생활하며 이민족으로부터 쿠스코를 지키기 위해 국경 수비를 점검했다. 마추픽추의 테라스와 도시 영역 사이에 설치된 담장과 해자 역시 적의 침략으로부터 시간을 벌고, 전투 준비를 하기 위한 군사적인 장치였다.

잉카인은 동물적인 감각으로 절벽을 타고 거미줄 같은 오솔길을 달렸다. 이 모든 것이 그들만의 생존 방식이었다. 잉카인에게 길은 사람과 마을을 이어주는 소통의 도구인 동시에, 적의 침략을 막아내는 전쟁의 도구였다. 잉카인의 삶이 길 위에서 시작하고 길 위에서 끝났음을 이 도개교가 잘 보여준다.

허리에 걸린 달의 신전

하루 400명으로 등정 인원이 제한되는 와이나픽추에 오르기 위해 오전 10시까지 북쪽의 신성한 돌 뒤에 있는 체크포인트 앞으로 가야한다. 긴 줄 끝에 표를 내고 장부에 이름을 적었다. 살갗을 태울

듯이 태양이 뜨겁게 달아오른다. 평소 물 값의 두세 배나 지불하고 물병을 받아든 다음 와이나픽추의 거친 속살 위로 발길을 옮겼다. 와이나픽추는 케추아어로 '젊은 봉우리'라는 뜻이다. 지각변동으로 절벽이 생기지 않았다면 와이나픽추는 마추픽추를 넉넉하게 품어 줄 수 없었을 것이다.

마추픽추의 돌을 깨워 잉카의 전설을 듣고 싶은 사람은 와이나픽추에 먼저 오르는 것이 좋다. 해발 2,720m 고지의 와이나픽추는 마추픽추에서 거의 수직으로 300m 위에 있다.

와이나픽추는 마추픽추를 둘러싼 지역을 한눈에 굽어보며 우루밤바강 건너편 밀림 지대의 이민족을 살필 수 있는 천혜의 요새다. 태양의 아들 파차쿠텍의 권위를 닮은 곳이 바로 와이나픽추다. 서쪽의 숲길을 돌아가면 길 아래쪽에 달의 신전으로 향하는 무시무시한 절벽길이 나온다.

와이나픽추의 북쪽 산등성이는 태양을 맞이하는 장소가 아니라 노을을 감상하고 달빛을 마중하는 곳이다. 밀림이 열리는 산비탈에 웅장하게 박혀 있는 달의 신전은 조악하지만 자연스러웠다. 거대한 자연석의 하부에는 신전이 마련돼 있고 상부에는 거친 돌집이 상투처럼 올려져 있다. 달의 신전을 바깥에서 보면 비행접시가 어설프게 산등성이에 내려앉은 형상이다. 상부에 쌓아올린 기하학적 돌담에 자라난 잡풀이 잉카의 질긴 시간을 말해주고 있다.

TEmplo de la luna

달의 신전,

내부에서 바깥을 바라보면
볼 수 있는 장면

마추픽추의 신성한 광장에 자리한 타원형 기단 역시 달의 신전이라 부르지만, 와이나픽추의 달의 신전과는 비교가 되지 않는다. 와이나픽추에 있는 달의 신전은 부유하는 타원형 자연석만으로도 달을 숭배하는 모습을 떠올리기에 충분하다. 이곳 달의 신전에 인위적인 곡선은 존재하지 않는다. 자세히 보면 지하 동굴의 지붕을 장식한 어눌한 곡면이 천장으로 자연스럽게 내려앉았다.

산비탈에 박혀 있는 거대한 둥근 바위를 발견한 잉카인은 그 바위의 생김새에 걸맞게 동굴 신전을 만들고 지상에는 부속실을 마련해 그들의 신을 불러들였다. 동굴 안에 잘 짜여진 블록이 돌 사이를 어눌하게 결속하며 천장의 곡선미를 완성한다. 내부 벽에 정교하게 장식된 사다리꼴 벽감조차 자연스러운 이유는 아름다운 곡선 천장과 조화를 이루기 때문이다.

내부에는 희생물을 공양한 것으로 보이는 제단 모양의 돌이 놓여 있다. 출입문 크기의 사다리꼴 벽감은 이중 문설주처럼 벽을 장식하며 이곳이 특별한 공간으로 사용됐음을 짐작케 한다. 왼쪽에 난 벽에는 출입문 크기의 벽감을 가운데 두고 양쪽에 작은 벽감이 대칭으로 나 있다. 동굴 입구를 제외한 나머지 벽은 자연스럽게 돌 블록으로 막았지만 자연석의 흐름을 인위적으로 손대지 않았다. 거북의 등을 탄 듯 달의 신전 상부에는 다소 질이 떨어지는 돌벽이 쌓여 있지만 전체적으로는 일체감을 보여준다.

달의 신전에서 오른쪽 산기슭으로 오르면 경사지에 일군의 돌집이 가지런히 서 있다. 와이나픽추를 지키는 군인의 거주지였을 것으로 추정된다. 직사각형 돌 구조물에 사다리꼴 출입구와 창문이 숲속에 꿋꿋하게 남아 있다. 돌쌓기는 전체적으로 질이 좀 떨어지지만 이중 문설주로 마감된 사다리꼴 출입구는 다른 벽에 비해 마름돌 쌓기로 정성을 들였다.

규칙적인 출입구와 벽감이 질서정연한 공간과 기능을 암시한다. 내부 벽에도 일련의 벽감이 줄지어 있는데, 이것만 봐도 공간마다 다른 용도를 갖고 있다고 짐작 할 수 있다. 다양한 방이 서로 다른 층위의 테라스에 일사불란하게 연결돼 있다. 이는 달의 신전이 전략적인 길목이었음을 증명해 준다.

와이나픽추 정상

와이나픽추 정상으로 오르는 길은 깎아지른 절벽을 기어오르는 모험이다. 두 사람이 동시에 통과하기 힘든 지그재그 절벽길을 동물처럼 네 발로 엉금엉금 기듯 올라가야 한다. 내려오는 사람도, 올라가는 사람도 숨을 고르며 절벽에 몸을 붙이고 조심조심 걷는다. 중간중간 비좁은 틈 사이에는 지친 사람이 엉거주춤 앉아서 거친 숨을 몰아쉰다. 쇠줄과 돌부리를 잡고 힘겹게 올라갈 때마다 사람들이 한숨을 내쉰다. 안데스 신의 밧줄에 인간의 욕망이 매달려 있는 것 같다.

가파른 비탈길이 지그재그로 허리를 꼬았다가 곧추서기를 끝없이 반복한다. 좁은 돌계단이 코브라처럼 수직으로 고개를 세우고 인내심을 시험하지만, 호기심이 앞선 두려운 발걸음은 계속해서 앞으로 나아간다. 위로 오르는 가파른 계단을 쳐다보면 지옥이지만, 등을 돌려 협곡을 굽어보는 순간은 천국이다.

아슬아슬 가파른 돌계단을 기어오르고 나니 화살표가 작은 테라스로 안내한다. 떨리는 마음으로 다가서자 마추픽추가 알라딘의 양탄자처럼 천 길 낭떠러지 아래 누워 있다. 한 시간 동안 사투를 벌이며 기어오른 데 대한 와이나픽추의 선물이다. 손바닥 만한 테라스 위에 두려움 없는 여행자 여럿이 걸터앉았다. 마음은 그곳으로 다가서지만 발걸음이 꿈쩍도 하지 않는다.

이곳이 정상인 줄 알았는데 왼쪽 언덕 위로 다시 오르막길이 이어진다. 어느 순간 거대한 암석이 막아서더니 그 속으로 난 좁은 동굴이 그림자를 안고 있다. 허리를 구부리고 조금 걸어가니 넉넉한 공간이 나타났지만 곧바로 경사진 좁은 굴이 미끄럼틀처럼 나타났다.

지친 몸을 구겨가며 좁은 굴속을 비집고 들어서자 거의 납작 엎드려 기어서 올라야 하는 계단이 기다리고 있다. 여기서부터는

01

02

03

01 와이나픽추 정상으로 오르는 계단 길.
02 굴을 지나 마지막 나오는 층층 계단.
03 잉카인들이 파낸 굴과 계단.

마추픽추를 굽어 보는 와이나픽추.

일방통행이다. 한 사람이 내려오면 올라가는 사람은 깜깜한 굴속에서 기다려야 한다. 거의 엎드려 기듯이 좁은 계단 위로 몸을 꼬았다. 와이나픽추의 혈관 속으로 들어가는 것 같은 기분이다.

어두운 굴을 통과하고 나니 높은 테라스 벽체 옆으로 난 계단을 따라 좁은 통로가 계속된다. 테라스마다 역시 두려움 없는 여행자들이 걸터앉아 있다. 다리가 떨려 다가설 수 없었다. 석축 테라스를 끼고 계단을 오르니 작은 돌 틈 사이로 동굴이 모습을 드러낸다.

와이나픽추 정수리로 올라서는 숨골 같다. 몸을 비집고 겨우 빠져나오니 엉성한 나무 사다리가 깎아지른 듯한 암석에 비스듬히 걸쳐져 있다. 천 길 낭떠러지가 눈앞에 펼쳐졌다. 오금이 저려 근방에 있는 여행자의 부축을 받고 겨우 올라설 수 있었다. 발아래 온 천하가 펼쳐진다. 그 순간 콘도르 형상의 마추픽추가 한눈에 들어온다. 안데스를 자유로이 유영하는 콘도르도 매일 이 광경을 보겠지. 마추픽추는 투시도로 보는 곳이 아니라 조감도로 보는 것이다. 마추픽추는 와이나픽추의 정상에서 볼 때에만 콘도르의 모습을 완벽하게 보여준다. 마추픽추는 콘도르 신의 모습으로 만든 천상의 도시다.

인티푼쿠에서 길게 원호를 그리며 흐르는 진입로는 콘도르의 입으로 빨려들어가고, 그 뒤로 이어지는 오른쪽 산비탈은 콘도르의 머리처럼 곧추서 있다. 그 아래 잉카 유적지가 콘도르의 날개처럼 펼쳐지고, 하부에는 콘도르의 발 모양이 살짝 삐져나와 있다. 인간의 욕망을 끊임없이 유혹하던 바벨탑이 이런 모습이었을까. 하늘에 닿으려는 인간의 욕망은 잉카 시대에도 여전히 작동하고 있었다.

와이나픽추 정상에는 자연석이 여기저기 박혀 있다. 잉카인은 정상 조금 아래에 테라스를 만들고 망루를 세우고 계단으로 연결했다. 돌벽은 정상의 자연석을 잘라서 만들었을 것이다. 바늘 끝 같은 산꼭대기에서 어떻게 돌을 다듬고 옮겼을까. 사람이 했다고는 도저히 믿을 수 없다. 이 험준한 산에 돌을 쌓아올리다 피로 얼룩졌을 잉카 석공이 어른거린다. 파블로 네루다의 《마추픽추 산정 Ⅲ》의 후렴부가 떠오른다.

"모두들 낙담하여 죽음을 기다리고 있었다, 매일매일의 죽음을: 그리고 매일의 가혹한 불운은 그들이 손을 떨며 마신 검은 잔 같았다."

하늘과 닿은 곳에 집을 짓고 그곳에서 지상의 만물을 내려다보고 싶었던 잉카인의 모험심은 현대인의 욕망과 다르지 않다. 날카로운 칼날 위에서 춤을 추듯 박공지붕의 돌집이 절벽에 서 있다. 후들거리는 다리 위로 눈과 귀는 열렸지만 심장은 졸아든다. 두려움 저편 가슴 뛰는 호기심만이 구름 아래 마추픽추로 달려가고 있다. 마추픽추 유적이 구름 아래 거대한 콘도르가 되어 날개를 펄럭이고 있다. 그 옛날 잉카의 위대한 건축가가 이곳에 서서 마추픽추를 콘도르 형상으로 완성했다. 안데스의 바람이 여린 안개를 흩뿌리며 이곳이 신의 영역이라고 속삭인다.

600년이 지나도 허물어지지 않고 그대로인 와이나픽추. 세상엔 역사라는 보자기로 담을 수 없는 수많은 진실이 존재한다고 와이나픽추는 가만가만 얘기하고 있다.

요즘처럼 항공기를 타고 위에서 내려다보며 도면을 그릴 수 있는 시대가 아니었다. 그런데도 잉카인이 대지를 마음대로 요리할 수 있었던 것은 마추픽추를 한눈에 굽어볼 수 있는 와이나픽추가 있기 때문이다. 와이나픽추는 인티푼쿠를 통해 떠오른 잉카의 태양이 태양 신전의 창문으로 들어오는 정확한 길목을 관찰할 수 있는 유일한 곳이다.

가파른 계단에 층층이 쌓아올린 잉카의 돌집들. 층을 달리하며 규칙적인 출입구와 창문이 낭떠러지 위에서도 어김없이 있다. 어떻게 돌을 가공하고 쌓아올렸을까. 떨리는 가슴으로 절벽에 뚫린 작은 창에 다가선다. 액자에 담긴 안데스의 봉우리를 쳐다본다. 평범한 인간의 눈, 건축가의 시야로는 그 신성을 이해할 수 없다.

마추픽추와 와이나픽추를 손에 넣은 파차쿠텍은 마침내 하늘

콘도르 형상으로
만들어진 마추픽추

마추픽추는 인공과 자연과 신앙이
결집된 요새다. 750명 이상의 주민을
수용할 만한 규모로 제국의 중심
쿠스코에서 80km 떨어진 안데스의
절벽 위에 세워졌다. 파차쿠텍이
자신의 권위를 시험하기 위해 지은
것으로 추정하는 학자들이 많다.
하늘과 산, 강의 영적인 중심에 있는
도시다.

인티푼쿠에서 들어오는 길 ▶

경비병의 집 ▶

콘도르 신전 ▽

망루

고지대 묘지

열 개의 출입문을 가진 건물

귀족 주거지

채석장

뉴스타 궁전

의식센터

대사제의 집

달의 신전

인티우아타나

왕의 궁전

세 개의 창문이
있는 신전

주 신전

장인의 작업장

세 개의 정문을 가진 건물

과 땅의 지배자가 될 수 있었다. 그러나 그 신성은 파차쿠텍이 아니라 열정의 피로 쌓아올린 돌탑에 있었다.

구름 위에 도시를 세운 까닭

와이나픽추를 뒤로하고 하산하는 길은 천국에서 인간계로의 환속이다. 와이나픽추를 오르기 전에 바라본 마추픽추가 돌의 요새였다면, 오르고 난 후엔 완벽한 콘도르 신전이다. 잉카의 콘도르가 마추픽추에 내려앉아 있다. 마추픽추가 어떤 목적으로 세워진 것인지에 대해서는 몇 가지 주장이 있다. 이곳에서 발견된 유골200구 이하이나 기록마다 수치가 다름 중에 여성이 더 많다는 이유로 마추픽추를 태양 처녀들의 거주지로 보는 의견이 있다. 혹자는 남자들이 에스파냐 정복 군대와 싸우기 위해 전쟁터로 떠나 여성만 남았다는 주장을 펴기도 한다. 그러나 건축가로서 마추픽추를 바라보고 있으면 밀림 지역의 이민족 동태를 살피는 요새, 또는 우루밤바강을 따라 늘려있는 경작지를 지키는 마지막 보루였다는 생각을 지울 수 없다. 하지만 잉카의 돌은 말이 없다.

폭우와 지진 그리고 산사태 속에서도 마추픽추는 600년을 버텨냈다. 수천 개의 돌이 정확히 계산된 위치에 놓여 있기 때문인지도 모른다. 그중에는 무려 20톤이 넘는 돌도 있다. 사람의 힘과 원시적인 도구만으로 육중한 돌을 깎아내고 적절한 위치에 배치한 것은 기적이다. 신예 왕인 파차쿠텍의 야망으로 지어진 도시, 위대한 아메리카 인디언의 왕이 상상력으로 빚어낸 유물, 전쟁과 정복의 산물, 이것이 마추픽추의 진실이다.

아무런 이유도 없이 그런 험한 곳을 선택해 건축물을 지을 사람은 없다. 와이나픽추도 그렇지만 마추픽추 역시 가파른 산이다. 도시를 세울 만한 평평한 공간도 거의 없고 작업 공간 역시 매우 협소하다. 그런데도 잉카인은 이렇게 힘든 곳에 도시를 왜 세웠을까. 구름 위에 마추픽추를 건설한 이유는 무엇일까.

학자들의 주장은 다양하지만 그 어느 것도 속 시원하게 비밀을 풀어주지 못하고 있다. 파차쿠텍은 쿠스코 계곡의 작은 세력에 불과한 잉카 부족을 남아메리카에서 가장 거대한 제국으로 만든 주인공이다. 북쪽의 콜롬비아와 남쪽의 칠레, 아르헨티나에 이르기까지 펼쳐진 잉카 제국은 1,000만 명이 넘는 백성을 호령하던 남미의 로마 제국이었다.

파차쿠텍은 이집트의 파라오처럼 자신의 신적인 권력을 시험하기 위해 이곳에 마추픽추를 지으라고 명령했을 것이라고 추측한 〈잉카 제국의 마추픽추〉 영상에 고개가 끄떡인다. 이 불가사의한 도전을 통해 자신의 힘을 증명하고 싶었을 것이다. 그는 자신의 힘을 과시할 수 있는 모험가의 위치에 있었다.

마추픽추는 750명 이상의 주민을 수용할 만한 규모로 제국의 중심 쿠스코에서 80km 떨어진 높은 안데스의 절벽 위에 세워졌다. 이렇게 볼 때 왕실의 은둔처라기보다는 밀림의 호전적인 부족을 방어하는 요새로 보인다. 그렇지 않으면 이곳에 공을 들여 마추픽추를 지을 필요가 없기 때문이다.

마추픽추는 신성이 깃든 잉카 산맥에 있다. 정통 잉카 트레킹의 여정마다 주요 유적 건물들이 도열해 서 있다. 일사불란하게 이어지는 잉카 트레킹의 목적지는 누구도 의심할 수 없는 마추픽추다. 마추픽추는 인공과 자연과 신앙이 결집된 요새로 보인다. 잉카 시대 신성한 요새는 제국의 정신적인 상징이자 무소불위 황제의 권위를 상징하는 것이었다.

태양 신전과 신성한 광장 그리고 인티우아타나에 조각한 성스러운 세계의 축 '악시스 문디'는 잉카의 종교적 상징과 일치한다. 마추픽추는 하늘과 산, 강의 영적인 중심에 있다. 성스러운 산 위에는 남십자성이 빛나고 있는데, 신성한 광장의 경사진 판석이 정확하게 그 별을 향한다. 종교적 의미를 띤 자연 요소에 둘러싸인 마추픽추는 파차쿠텍만이 신과 소통할 수 있는 신성한 장소였다.

기적의 샘

산정 요새의 기본은 식수 확보다. 그라나다에 있는 알람브라 궁전 역시 초기에는 빗물을 모아 식수로 사용했다. 그 이후는 설산에서 흘러내리는 물줄기를 산을 뚫고 수로를 연결해 요새까지 이끌고 왔다. 마추픽추 산정 역시 모든 것을 완벽하게 갖췄다 할지라도 식수를 구하지 못하면 말짱 도루묵이다. 마추픽추 산정에서 물을 구할 수 있는 유일한 방법은 450m 절벽아래 우루밤바강에서 물을 퍼오는 것이다. 강물은 운반하기도 힘들지만 보관하기도, 도시에서 지속적으로 사용하기에도 많은 어려움이 따른다. 더구나 신전에서 사용하는 물은 고인 물이 아니라 흐르는 물이어야 한다.

마추픽추처럼 절벽 꼭대기 산성 도시에서 물을 구하지 못하면 생존이 불가능하다. 잉카인은 어떻게 식수원을 마련했을까. 디스

왕의 목욕탕으로 불리는 의식센터의 샘에서 그 아래 층층의 샘으로 물길이 이어진다.

커버리에서 제작한 영상 〈잃어버린 도시 마추픽추〉는 마추픽추 설계의 결정적인 역할을 한 것은 남쪽 테라스를 가로질러 흐르는 물줄기에 있다고 주장했다.

마추픽추 산정에는 순간 최대 3,000mm 정도 쏟아지는 빗물을 저장하는 것도, 우물을 파는 것도 불가능에 가깝다. 여름에 집중적으로 내리는 비를 건기인 겨울까지 보관하는 것 역시 불가능했다. 따라서 잉카인은 마추픽추와 가까운 곳에서 물길을 찾든지 아니면 수로를 연결해야만 했다. 해발 2,430m의 높고 험준한 고지대에서 가장 확실하게 물길을 구하는 방법은 로마 제국처럼 설산에서 녹아 흘러내리는 물을 수로를 설치해 끌어오는 방법이었다. 그러나 이 방법은 요새를 짓는 것보다 더 힘든 일이다.

잉카인은 대체 어디서 물을 끌어왔을까. 오늘날 마추픽추에는 잉카 시대처럼 물길이 흐르고 있다. 이 물줄기를 따라가면 남쪽 테라스 끝에서 숲속으로 사라진다. 그렇다면 숲속 어딘가에 수원지가 있다는 뜻이다. 실제로 지그재그 도로로 승합버스를 타고 가면 길가에 물줄기가 흘러내린다. 〈잃어버린 도시 마추픽추〉에서는 숲속에 있는 물줄기를 자세하게 소개하고 있다.

지형학적으로 마추픽추 요새 부지는 자연 침하에 의해 생겨난 대지다. 북쪽으로 와이나픽추 봉우리 허리에 마추픽추 요새가 걸려 있지만 남쪽 마추픽추 봉우리는 낙타 봉우리처럼 굴곡만 있을

뿐 지각변동의 흔적을 발견하는 것은 쉽지 않았다. 남쪽 테라스에서 그리 멀지 않는 곳에 지각변동으로 인해 생겨난 틈에 수원지가 놓여 있다. 신기한 것은 자연적으로 샘솟는 샘물이 아니라 마추픽추 봉우리에 뿌려지는 빗물이 지각 틈으로 스며들어 지하수처럼 연중 지속적으로 흐른다는 점이다. 잉카인은 그 틈 앞에 낮은 벽을 세워 물웅덩이를 만들어 마침내 요새까지 끌어왔다.

이 물줄기를 적당한 경사도를 유지하며 끌어오는 것은 결코 쉽지 않다. 넘치지도 않으면서 지속적으로 물줄기가 흘러 남쪽 테라스를 관통하고서 요새 중심의 의식센터까지 흘러온다. 거리는 무려 750m. 더욱 중요한 점은 테라스를 쌓을 때도 물길의 기울기를 적정선으로 유지하며 쌓았다는 것이다. 지금도 마추픽추를 방문하는 여행자들은 그 물길이 어디에서 어떻게 오는지 구체적으로 알지 못한다.

조금만 신경 쓰면 남쪽 테라스에 정성 들여 만든 물길이 해자를 건너 마추픽추 요새 안으로 안전하게 흘러드는 것을 발견할 수 있다. 약 3도의 경사를 이루고서 물이 넘치지도 않고 바닥으로 누수 되는 것까지 고려하여 지속적으로 흘러 의식센터까지 이르게 하는 데 성공한 것이다. 요르단 페트라 유적지의 수로는 1m짜리 옹기 관으로 연결된 물길이 4도의 경사도를 유지하고 있다. 현대 과학자들은 4도의 경사가 실제 물이 수도관 속으로 흐르는데 제일 적

01

01 왕의 목욕탕인 의식센터로 물줄기가 흘러들어온다.
02 테라스와 도시 영역을 가르는 해자를 통과하는 물줄기.
   샘물이 오염되지 않도록 사면을 돌로 덮어놨다.

합하다는 것을 실험으로 알아냈다. 마추픽추의 수로는 관이 아니라 도랑으로 오픈돼 있기에 3도를 유지하는 게 가장 효율적이라고 잉카의 기술자들이 실험으로 알아낸 것이다.

따라서 신성한 물줄기가 해자 위로 가로질러 가장 먼저 도착하는 지점에 의식을 올리는 공간과 그 물을 지배하는 왕의 궁전이 놓이는 것은 당연하다. 잉카인에게 물은 신성한 숭배의 대상이었다. 마추픽추의 실질적인 배치 구조는 이 신성한 수로에 의해 결정됐다. 만약 물줄기가 다른 곳에서 발견됐다면 지금의 왕궁과 신전 자리는 바뀌었을 것이다. 콘도르 형상의 마추픽추 배치도 틀어졌을 것이다.

오늘날 왕의 궁전 영역 내에 위치한 샘물은 잉카 시대 이후 쉬지 않고 흘러내린다. 이 신성한 물이 처음 도달하는 목적지는 완벽히 계산됐다. 신의 대리자인 파차쿠텍의 궁전과 의식센터로 제일 먼저 도달했다. 샘물은 잉카 왕의 소유이기 때문이다. 잉카 왕은 의식을 전행하기 3일 전부터 신성한 물로 목욕하고 경건하게 신을 영접할 준비를 했다. 목욕은 정신을 깨끗하게 씻는 일종의 의식이었다. 잉카인은 층층이 놓인 샘에서 신분에 따라 마실 물과 목욕 물을 충당했다. 식수는 세속적인 생명을 유지하는 수단 그 이상이었다. 샘에는 벽감을 만들고 배수구도 따로 설치했다. 평소에는 물을 받는 곳이지만 의식을 진행할 때는 몸을 단정히 하는 목욕 공간이었다.

　왕의 개인 목욕탕 아래로 열여섯 개의 독특한 급수대가 줄줄이 이어져 있다. 따라서 마추픽추는 단순한 요새가 아니라 과학적으로 설계된 고도의 기술 집약적인 산성 도시다. 벽을 타고 흐르는 물을 작은 틈으로 흘러내리게 해서 잉카 특유의 물병인 아리발로를 효율적으로 채우도록 만들었다. 대지와 물을 통제함으로써 파차쿠텍은 마침내 세상을 통제할 수 있었다.

6.

마추픽추

하늘 위 절벽에
올라탄 궁전

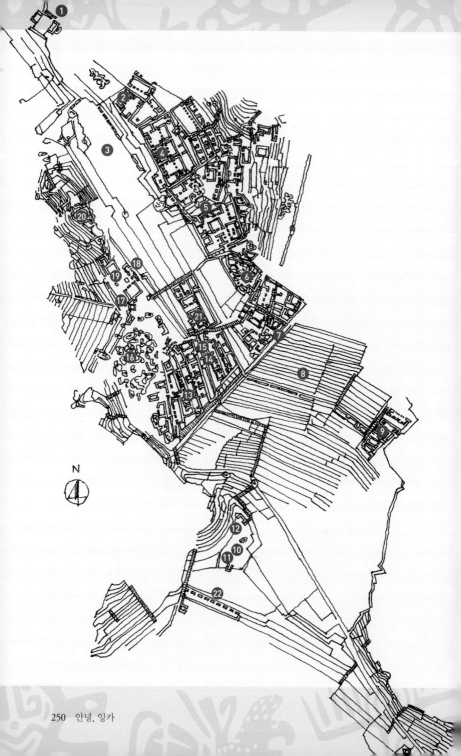

마추픽추는 인간의 눈으로 보는 곳이 아니라 콘도르의 눈으로 바라봐야
제 모습을 볼 수 있다. 그렇기에 위험을 무릅쓰고 와이나픽추 정상에
서는 것이다. 마추픽추를 배치도로 보면 길쭉한 선형으로 보인다.
와이나픽추 봉우리에 올라가면 테라스와 돌집들이 그로테스크한
콘도르의 형상으로 다가온다. 마추픽추는 성벽과 해자를 중심으로
남쪽 테라스 영역과 북쪽 도시 영역으로 나뉜다. 와이나픽추에 오르면
그 물리적인 경계선이 허물어지고 거대한 콘도르의 형상으로 하나가
되어버린다. 도시 영역의 중심인 왕궁과 신전이 정확하게 콘도르의
심장으로 작동한다. 콘도르가 날아가는 방향에 맞춰 상부에는 귀족
영역이 위치하고 하부에는 도시를 유지하는 기반시설이 자리하고 있다.
도시계획과 신화와 현실적인 기능이 교묘하게 융합돼 있음을 알 수 있다.

CAMINO MACHUPICCHU

① 신성한 바위
② 고지대 건물
③ 중앙 광장
④ 세 개의 정문을 가진 건물
⑤ 장인의 작업장
⑥ 콘도르 신전
⑦ 해자
⑧ 마추픽추 테라스

⑨ 경비병의 집
⑩ 장례용 제단
⑪ 고지대 묘지
⑫ 망루
⑬ 귀족 주거지
⑭ 뉴스타 궁전
⑮ 태양 신전
⑯ 채석장

⑰ 대사제의 집
⑱ 세 개의 창문이 있는 신전
⑲ 주 신전
⑳ 인티우아타나
㉑ 왕의 궁전
㉒ 열 개의 출입문이 있는
　건물

채석장에서의 단상

와이나픽추에서 내려와 다시 마추픽추 요새로 들어가는 주 출입구 앞에 섰다. 콘도르를 닮은 입체적인 마추픽추는 사라지고 가파른 테라스에 올라탄 돌의 집이 기하학적으로 놓여 있다. 이른바 도시 영역으로 불리는 요새 앞은 동서 방향으로 단단하게 막아선 돌담을 따라 길게 이어진 해자가 막아선다. 잉카인은 그 높고 가파른 산봉우리에 거대한 돌집을 어떻게 쌓아올렸을까. 그리고 어디서 그 거대한 돌을 캤을까.

마추픽추를 둘러싼 미스터리 중 하나는 요새를 쌓기 위한 돌의 출처다. 어디서 캐서 어떻게 이곳으로 옮겨왔을까. 짐을 나르는 동물이나 바퀴 달린 수레, 기중기도 없이 가파른 산비탈 위로 돌을 나르는 것은 거의 불가능하다. 그렇기 때문에 잉카 기술자는 공사 현장에서 그 해결책을 찾았다.

호기심이 주 출입구 위 서쪽 산등성이와 신성한 광장 사이의 채석장으로 몸을 이끈다. 여기저기 널린 돌무더기 사이로 석공이 돌을 잘라낸 흔적과 돌을 가공하다 그만둔 순간이 그대로 남아 있다. 표면에 구멍이 뚫린 돌이 널브러져 있다. 잉카인은 돌에 구멍을 뚫고 거기에 나무 막대기를 집어넣어 물을 뿌리면 나무가 불어나 돌이 쪼개지는 방법을 사용한 것이다. 쉽게 옮기기 위해 전면을 둥글게 마무리한 형상의 돌, 만들다 그만둔 계단석이 비스듬하게 그대로 남아 있다. 멈추어버린 작업장에서 바쁘게 돌을 쪼고 옮겼을 잉카 석공의 부지런한 걸음이 보이는 듯하다.

여러 학자들은 연구를 통해 돌을 다루는 방법들을 제시했다. 경사가 급한 가파른 산정에서 가장 좋은 방법은 작업장과 최대한 가까운 곳에서 돌을 구하는 것이다. 잉카인은 현명하게도 건축 장소와 가까운 이곳에서 돌을 캤다. 그러나 아무리 거리가 가까워도 커다란 돌을 사람의 힘만으로 옮기는 것은 불가능하다. 그래서 잉카인은 큰 돌을 적절한 크기의 작은 돌로 나누었다. 만약 화강암의 비중을 2.75kg/cm³라 가정할 때 가로, 세로, 높이가 30cm인 돌의 무게가 74kg에 육박한다. 한 사람이 들기에도 버겁다.

돌을 옮긴 방법은 이집트의 피라미드와 다르지 않았다. 작업 과정에서 나온 작은 돌을 바닥에 깔고 그 사이에 자갈을 깐 다음 그 위에 모래를 뿌리고 미끄러지기 쉬운 마찰력을 이용해 돌을 옮겼다. 그러나 이 방법은 평탄한 지반이나 경사가 급하지 않은 지역에

계단을 깎아 그대로 방치한 모습.

적합하다. 그렇다면 10~20톤에 달하는 거대한 돌을 경사가 급한 테라스 꼭대기와 건물 벽 꼭대기로 어떻게 옮겼을까. 꼭대기에 들어 올린다 하더라도 그곳에서 돌과 돌의 아귀를 맞추는 일은 결코 쉽지 않다. 더구나 청동기 시대의 도구만으로 석조 건축물을 완벽하게 쌓아올리는 것은 더욱 그렇다. 중량을 줄이기 위해 최대한 가볍게 조각을 낸 것도, 돌의 밑바닥을 배의 밑바닥처럼 곡면으로 만들어 끌었다는 것도 이해가 간다.

마추픽추 돌담을 자세히 바라보면 군데군데 나무의 옹이처럼 볼록한 흔적과 의도적으로 한부분이 움푹 파인 자국이 남아 있다. 나무 기둥으로 고이거나 끈으로 옮긴 흔적이다. 그렇다 치더라도 테라스 꼭대기에 돌벽을 쌓는 일은 간단하지 않다. 이중의 썰매를 사용해 아랫부분 썰매는 고정하고, 위의 썰매에 돌을 얹어 지렛대로 밀고, 노끈으로 당겨서 돌벽의 꼭대기에 올려놓았다는 주장에 고개가 끄덕여진다. 그러나 이런 방법으로 상부에 돌을 올려놓는 일도 엄청난 시간과 위험을 감수해야 한다. 더구나 이 방법을 적용하려면 오늘날처럼 비계를 설치해 담벼락 꼭대기에 작업 공간을 만들어야 한다. 상부에 돌을 올리고 수없이 조정하면서 돌을 쪼아 아귀를 맞춰야 하기 때문이다. 산꼭대기에 나무로 완벽하게 비계를 설치하였다면 돌을 들어 올리는 다양한 방법도 충분히 고안할 수 있었을 것이다. 잉카인들은 돌문을 달기 위해 움직이는 돌쩌귀까지

만들어냈다. 이러한 점을 고려해 볼 때 비계를 설치하고 그 위로 도르래와 비슷한 기구를 설치해 건설 작업에 사용했을 것이다.

바늘조차 꽂을 수 없는 섬세함

채석장에서 물끄러미 마추픽추의 돌집을 바라본다. 마추픽추는 목숨을 걸지 않으면 만들어낼 수 없는 걸작이다. 여러 연구자들은 마추픽추의 돌벽 쌓기 작업에는 결과에 따른 보상이 걸려 있는 것은 물론이고, 그 작업의 주체가 바로 석공 한 사람 한 사람이었을 것이라 추정하고 있다. 한양 성곽 쌓기에도 이같은 보상 방식이 적용됐기에 마추픽추만의 특별한 경우라고 말할 수는 없다.

그러나 아슬아슬한 절벽 위 테라스 꼭대기에 석벽을 쌓는 고도의 정밀한 작업을 설명하기에는 이 주장은 어딘가 모자란다. 오늘날 우리의 시각으로는 도저히 알 수 없는 비밀이 숨어있었을까. 아무리 왕이라도 사상자가 수없이 생겨나는 시공법을 고집하는 것은 말이 안 된다. 더군다나 노예가 아니라 숙련된 기술자라면 우리가 상상도 못한 기구나 방법을 사용했을지도 모른다. 오늘날처럼 완벽한 비계를 설치하고 벽의 꼭대기에서 돌과 돌의 아귀를 맞추었다면 아마 특별한 기술을 적용했을지도 모른다. 끊임없이 반복하면서 돌을 효율적으로 쌓는 방법을 고심하다 보면 비상한 지혜가 생겨나기 때문이다. 잉카인들은 나뭇가지로 별과 태양을 수십여 년을 반복 관찰해 춘분과 추분, 하지와 동지를 알아냈기 때문이다.

시멘트와 회반죽을 사용하지 않고 28m 높이의 세고비야 수도교를 쌓아올린 로마인의 놀라운 장인 정신처럼 잉카의 석공 역시 시멘트와 회반죽 없이 마름돌 쌓기만으로 육중한 석축 구조물을 만들었다. 기중기와 금속 도구 없이 머리카락 하나 들어갈 틈 없이 벽을 쌓은 것은 기적이다. 접합부를 단단히 붙이기 위해 잉카인은 서로 모양이 다른 돌을 일사불란하게 맞추었다. 자세히 보면 일정한 선형을 유지하지 않는다.

파르테논 신전을 지은 그리스인은 눈으로 볼 수 없을 정도로 미세한 오차의 선형을 유지하기 위해 석재 대패로 0.05mm 차이까지 돌을 일정하게 갈았지만, 잉카인은 돌과 돌을 서로 자연스럽게 결속시켰다. 파르테논 신전의 벽은 외부의 줄눈과 내부의 접합면이 평면이지만, 잉카의 석벽은 외부의 줄눈과 내부의 접합면이 평면이 아니다. 시간을 비웃으며 접합 부위의 돌 형태에 맞춰 정성스럽게 갈아냈다. 강철 도구 없이 기껏해야 철을 함유한 단단한 차돌로 아귀가 맞아떨어지게 돌을 갈아냈다.

잉카의 돌담은 볼록하면서도 느슨한 타원을 이루며 친근하고 인간적이며 자연스럽다. 이는 애초에 돌을 끌어오기 위해 밑바닥을 둥글게 만든 흔적이다. 마추픽추의 돌벽에는 작은 돌로 수없이 두드려서 만들어낸 돌망치 자국이 남아 있다. 이 방법은 파르테논 신전의 돌을 갈아내는 방법과 크게 다르지 않다. 강바닥에서 주운 차돌로 큰 바위 표면을 치면 뽀얗게 가루가 쌓인다. 그 돌을 아랫돌 위에 올리면 돌출된 부분이 자국을 남기는 것을 보고서 어디를 더 갈아내야 하는지 판단할 수 있다.

잉카의 기술자도 돌가루 위에 다음 돌을 얹으면 돌출된 부분이 돌가루에 자국을 만든다는 것을 알았을 것이다. 그러면 점점 더 작은 돌망치를 써서 위와 아래의 돌이 완벽하게 맞을 때까지 쪼았을 것이다. 돌출된 부분줄을 걸어 당기던 곳과 움푹 파여진 부분나무로 받쳐 돌을 들어 올린 곳을 돌로 쪼아가며 평평하게 만들었다. 오늘날 남아 있는 볼록한 부분과 오목하게 파여진 부분은 잉카 석공들이 수없이 돌을 들어 올리며 돌과 돌이 서로 완벽하게 짜 맞춘 흔적이다. 파르

정교하게 쌓아올린 태양 신전의 돌벽.

테논의 돌처럼 수평면으로 짜 맞춘 것이 아니라 잉카의 돌담은 돌과 돌이 서로 아귀를 맞춘 것이다. 이러한 방법이 지진에도 끄떡없이 버티고 있는 돌담의 비밀이다.

돌과 돌의 아귀를 맞춘 방법은 우리나라의 한옥 주춧돌 위에 목재 기둥을 세울 때 사용하는 그렝이질두 부재가 만날 때 기밀하게 만드는 작업과 비슷한 기구를 사용하였을 것으로 보인다. 돌의 표면을 손질하지 않고 그렝이질을 하면 목재에 그 형태가 그대로 새겨진다. 이어 밑둥을 쪼아내어 주춧돌의 표면에 맞춘다. 한 연구자는 잉카 석공들이 '스크라이빙'이라 불리는 Y자 나뭇가지를 눕히고 위의 잔가지에 추를 달아 돌과 돌 사이의 면을 정확하게 알아낼 수 있다고 했다. 오두막을 지을 때 울퉁불퉁한 통나무 표면을 맞출 때 쓰는 도구다. 그러나 마추픽추에서는 돌과 돌의 접촉면을 다각도로 아귀를 맞춰야 하기에, 추는 수직축에 사용할 수 없다.

한쪽 돌의 형태를 따라 짝이 될 돌의 표면에 선을 그려가며 돌의 아귀를 맞추는 것은 그렝이질이 훨씬 편하다. 사방 어떤 각도에서도 사용할 수 있는 다양한 크기의 간단한 도구로 돌과 돌을 맞추는 것이 효율적이다. 특히 잉카 석공들은 서로 다른 형태의 돌을 서로 끼워 맞추는 것이므로 각도에 상관없이 작업할 수 있어야 했다. 이렇게 볼 때 잉카 석공들에게는 우리가 미처 알지 못하는 다양한 도구들이 있어서 돌 작업의 정밀도를 높였을 것으로 보인다.

오늘날 마추픽추 건물의 꼭대기 부분에는 원형으로 돌출한 돌봉이 달려있다. 이는 갈대나 마른 풀을 지붕에다 올리고 바람에 날아가는 것을 방지하기 위해 제작한 노끈으로 묶은 것이다. 여기에는 이견의 여지가 없다. 마추픽추 산정 높이 솟아있는 지붕을 나무 서까래 위에 고정하기 위해서는 제주도의 전통초가처럼 줄로 단단하게 고정하였을 것이다. 더군다나 마추픽추의 돌봉은 단순히 돌봉이 박혀있는 것이 아니라 직사각형 통돌에 돌봉이 돌출되도록 갈아낸 특별한 작품이다. 따라서 돌봉이 돌벽 사이에서 완벽하게 지지 역할을 하고 있는 것이다. 오늘날 마추픽추 건물에는 부분적으로 파손된 것도 있지만 과거에는 170여 채의 모든 건물 지붕 벽에 이 돌봉이 설치돼 있었다고 한다.

돌출된 석조 봉만큼 놀라운 것은 거친 화강석으로 만든 문틀과 벽감과 창문이다. 이 중에서 문틀은 오늘날로 치면 완벽하게 마감된 디테일의 실현이다. 일반적인 돌쌓기보다 문틀, 벽감, 창문은 돌과 돌이 완벽하게 선을 유지하며 빈틈없이 맞아떨어져야 한다. 특히 문은 실제 작동이 돼야 하기 때문에 디테일이 더 정밀해야 한다. 문, 벽감, 창문 모두 사다리꼴로 15도 각도의 기울기를 유지하고 있다. 이는 단순히 직각으로 쌓는 것보다 고난도의 정밀도가 요구한다.

채석장을 뒤로 하고 다시 마추픽추의 거대한 성벽 앞에 섰다. 정갈하게 쌓아올린 돌담을 보니 잉카 석공의 위태로운 작업 모습이 보이는 듯하다. 마추픽추는 잉카 시대의 이름이 아니다. 진짜 이름은 아무도 모른다. 빙엄이 1911년 이곳을 발견한 이후 원주민들이 산의 이름으로 썼던 마추픽추를, 그 명칭 그대로 사용하면서 이름이 굳어졌다. 고고학자, 역사학자, 건축가 등 많은 연구자들이 수십 년 동안 마추픽추를 조사했지만 건설 과정의 비밀을 속 시원하게 밝혀내지 못했다.

귀족 주거지

인티푼쿠에서 마추픽추 요새로 진입하는 순간 서쪽 절벽에 기대선 출입구가 우리를 맞는다. 눈앞을 막아선 담장은 두께는 1m가 조금 넘고 높이는 상부가 잘려나가 3~4m에 불과하다. 잉카 시대 난공불락의 성벽이라기보다는 신성한 영역으로 보인다. 사다리꼴 문이 잘 보존된 주 출입구는 일반적인 성벽 출입구와 달리 내리막길로 이어진다. 이 또한 전통적인 잉카 요새의 출입구와는 다른 모습이다. 잉카 시대의 성벽은 지금보다 조금 더 높았다. 주 출입구로 다가서자 와이나픽추가 서서히 내려앉더니 마침내 성벽에 잠기고 만다. 서쪽 절벽 높은 곳에서 시작된 성벽은 동쪽 계곡으로 가파르게 기울어졌다. 성벽 앞으로 평행하게 기울어진 해자가 마른 바람을 싣고 우루밤바 협곡으로 급하게 내려온다.

주 출입구의 서쪽 성벽은 느린 만곡 면을 그리며 방문자가 잠시 기다렸을 법한 낮은 돌을 품고 있다. 사다리꼴의 주 출입구는 세심하게 돌을 조각한 흔적이 돋보인다. 벽은 두 가지 방법으로 마감됐다. 거대한 인방기둥과 기둥 사이. 또는 문이나 창의 아래나 위로 가로지르는 나무이 사다리꼴 출입구를 올라탄 지점부터 작은 호박돌로 층층이 쌓여있고, 인방 하부에는 비교적 큰 돌 블록이 건식 마름돌 쌓기로 쌓여 있다. 이는 상부에 큰 돌을 올리기보다 작은 돌을 올리는 것이 작업의 효율이 높기 때문이다.

주 출입구 안으로 들어서면 섬세한 조각이 눈에 들어온다. 왼쪽의 문설주 벽은 큰 돌과 작은 돌이 서로 정밀하게 포개져 있고 작

주 출입구.

인티우아타나 ▶

주 신전 ▽

◀ 세 개의 창문이 있는
신전

대사제의 집 ▶

귀족 주거지 ▽

성스러운 수로 ▶

마추픽추 도시 영역을
바라본 모습

콘도르 형상의 마추픽추에는 주요
건물들이 밀집해서 배치돼 있다.
서쪽 위에서 아래로 연속되는 일곱
테라스에 크기와 규모와 높이가 서로
다른 귀족 주거지가 있다. 그리고 여덟
번째 테라스에 마추픽추의 성스러운
수로가 흐른다. 그 아래 아홉, 열 번째
테라스에는 마추픽추에서 가장 중요한
태양 신전과 뉴스타 궁전, 샘, 의식센터
그리고 왕궁이 연이어 놓여 있다.

와이나픽추로 향하는 관문

고지대 건물

세 개의 정문을 가진 건물

왕의 궁전

의식센터

태양 신전

뉴스타 궁전

은 구멍이 정밀하게 패어 있다. 그 구멍의 중앙에 돌침이 박혀 있다. 나무로 제작한 문을 달기 위한 돌쩌귀 같아 보였지만, 학자들은 이곳에 석문을 달아 외부인의 침입을 강하게 차단했다고 말한다. 돌문을 달기에는 어딘지 모르게 너무 가늘다. 동시에 돌쩌귀는 돌문을 열고 닫으면서 끊임없이 갈리기 때문에 기능적으로 완벽하지 않다.

출입구의 위쪽 중앙에도 돌출된 봉이 걸려 있다. 횃불을 걸거나 대문의 다른 장치를 들어 올리는 기능을 했을 것으로 짐작되지만 정확한 용도는 알 수 없다. 주 출입구 오른쪽은 문설주에 맞춰 벽을 세웠지만 왼쪽은 한 품 뒤로 널찍한 여유 공간을 두었다. 경비병의 교대 장소 혹은 대기 장소로 보인다.

주 출입구는 서쪽 테라스 상부에서 연속되는 세 번째 테라스를 관통한다. 주 출입구의 서쪽 높은 절벽에서 동쪽으로 기울어진 일곱 번째 테라스 위에 자리한 돌집을 상부 복합 건물 단지 또는 귀족 주거지라고 한다. 동쪽으로 기울어진 테라스는 자로 잰 듯한 직선은 아니지만 최대한 자연 지형에 따라 단을 형성하고 있다. 테라

돌쩌귀로 추정.

돌출돼 나와있는 돌봉.

귀족 주거지에서 바라본 망루.

스 열에 맞춰 건물이 열병식을 하듯 서 있다. 출입구로 이어지는 통로 아래쪽 테라스 중간 지점에 거대한 자연석이 돌출된 채 건물 벽과 어깨를 나란히 하고 있다. 잉카의 석공은 자연석을 옮기지 않고 건물 벽과 나란히 방을 만들어놓았다.

이곳의 건물은 서쪽은 테라스 벽으로 막혀 있고 동쪽 벽에만 출입구와 창문이 있다. 따라서 상부 테라스 거주자의 시선이 하부 테라스 거주자의 사생활을 방해하지 않는다. 집은 전체적으로 2층 구조인데, 상부 테라스에서 보면 1층이라서 거주자는 언제나 풍족한 자연광을 받아들일 수 있다. 이것은 동창을 받아들이는 농경 사회의 질서에 맞춘 것이다. 태양신을 숭배하는 잉카인에게 동쪽은

01

02

01 길가의 오른쪽 아랫집은 반 층이 낮아 모든 집이 충분히 햇볕을 받을 수 있었다.
02 뾰족한 삼각형으로 돌출한 벽체는 지붕이 설치되는 부분으로 2층 다락에 해당한다.

만물이 다시 깨어나는 신성한 방향이었다. 각각의 테라스는 완벽한 직선으로 이루어지지는 않았지만, 각 방의 구조는 사각형 질서를 이룬다. 2층 바닥을 구성했던 목재와 계단과 지붕은 현재 사라지고 없다. 하지만 박공지붕의 대들보에 기둥을 세우고 그 기둥에 2층 나무 바닥을 깔았을 것으로 짐작된다.

1층 내부에 2층으로 올라가는 계단을 설치했고, 박공지붕 아래 2층을 만들어 말린 감자를 비롯한 식량을 비축하는 식품 창고로 사용했을 것으로 추정된다. 돌담 위에 나무로 상을 대고 그 위에 비를 피할 수 있도록 갈대나 마른 풀을 덮어 지붕을 만들었다. 바람이 강한 지역 특성상 지붕이 날아가지 않도록 동물의 털과 식물 섬유를 섞어 짠 밧줄로 원형 봉과 지붕을 단단하게 고정했다.

샘을 품은 의식센터

귀족 주거지를 돌아내려오니 끝나는 지점, 여덟 번째 테라스다. 건물은 없고, 수로만 연결돼 있다. 수로는 일종의 완충지대다. 수로 아래 아홉 번째, 열 번째 테라스에는 뉴스타 궁전과 태양 신전, 의식센터, 왕궁이 자리해 도시 영역의 중심을 잡아준다. 마추픽추 요새의 심장이나 마찬가지인 태양 신전과 왕궁 사이에 징검다리처럼 의식센터가 위치한다. 의식센터 아래쪽에는 샘이 있는데, 작은 물줄기가 폭포를 이루며 직사각형 수조로 떨어진다.

신성한 물줄기가 가장 먼저 도착하는 이곳은 최고 권력자의 공간이다. 의식센터는 왕의 부속 시설이나 마찬가지로, 왕의 공식 업무인 종교행사를 보조한다. 이곳에서부터 열여섯 개의 샘이 방향을 틀어가며 겹겹이 포개져 있다. 신성한 샘물에서 어떤 의식을 치렀는지 구체적으로 알 수는 없다. 그러나 이 물줄기가 이곳 지배자의 권력을 상징한다는 것에는 부정할 수 없다. 잉카 시대에 물은 신성한 영역이기 때문이다.

세 벽으로 둘러싸인 의식 공간은 잉카 건축의 전형적인 형태를 갖고 있다. 잉카인은 이를 와이라나세 면은 벽으로 막혀 있고 한 면만 트인 ㄷ자 모양의 공간라고 불렀다. 동쪽으로만 트인 의식센터는 마추픽추 요새에서 가장 중요한 태양 신전과 왕궁 사이에 있다. 의식을 준비하는 공간이므로 제사장이 움직이기 편하도록 태양 신전과 왕궁 사이에 위치해 신성한 샘을 마주하고 있다. 남쪽으로 태양 신전과 뉴스타 궁전이 붙어 있고 북쪽으로 왕궁이 있는 것만으로도 이곳이 의식의 중심이었음을 말해준다. 이곳 의식센터에서 물 숭배와 관련된 종교 의식을 했다는 것에는 이론의 여지가 없다. 농경사회에서 풍작을 기원하는 것은 동서양을 막론하고 동일하기 때문이다.

잉카인에게 물은 풍요를 의미하는 상징이자 생명의 원천이었

의식센터.

다. 종교적 숭배는 단지 인간과 자연의 관계만이 아니라 잉카 우주관의 한 부분을 형성했다. 잉카의 창조 신화에도 물은 삶과 죽음 사이의 매개체라고 믿었다. 잉카인은 티티카카 호수에서 태어나 죽어서는 호수를 닮은 굴속에 안치됐다. 지하 세계를 관장하는 뱀, 지상 세계를 관장하는 퓨마, 하늘 세계를 관장하는 콘도르의 신이 공존하는 마추픽추의 중심에 샘이 자리하는 이유다.

마추픽추는 잉카의 최고 지도자 아래 사제와 귀족과 평민이 일정한 위계 질서에 따라 공동체를 구성했음을 보여준다. 잉카 백성은 의식을 통하지 않고는 왕을 볼 수도 없고 말을 걸 수도 없었다. 잉카인에게 왕은 이집트의 파라오와 마찬가지로 인간이 아니라 신을 대리하는 존재였다.

생사를 품은 태양 신전

의식센터 남쪽으로 어깨를 마주한 건물의 마감이 유달리 정교하다. 마추픽추 요새에서 유일한 원형 건축물인 태양 신전이다. 신성한 광장의 서쪽에 달의 신전이라 불리는 반원형 테라스가 있지만, 이것은 완전한 공간이 아니다. 동서양을 막론하고 건축에서 원은 함부로 쓸 수 없었다. 동양에서도 원기둥은 군주의 거처와 사찰에서만 사용했다. 황제가 다스리는 중국 자금성에만 천단 위에 3층의 원형 지붕을 두른 황궁우를 지어 하늘신의 신주를 모셨다. 조선후기 고종이 스스로 황제라 칭하고 오늘날 조선호텔 자리에 처음으로 원구단을 짓고 8각의 3층으로 된 황궁우를 지었다.

오늘날 태양 신전은 신성한 샘 남쪽 거대한 바위 위에 장엄하게 서 있다. 태양 신전은 하부에 죽은 자의 공간을 마련해 생과 사의 공간을 동시에 품었다. 건축물은 결코 치적을 자랑하기 위해서만 만들어지지 않는다. 천문학적 비용과 시간과 노력이 들기 때문에 그에 합당한 이유가 있어야 한다. 따라서 우연히 요새 중심에 거대한 자연석이 있었다 하더라도 즉흥적으로 지상에 신전을 만들고 지하에 왕의 무덤을 만들지는 않았을 것이다. 최고 권력자와 대사제 그리고 귀족의 동의 없이는 불가능하다.

공간적으로 지상과 지하로 나누어 모셨을 뿐, 잉카에서 태양과 왕은 둘 다 현실 세계에 막대한 영향을 미치는 숭배의 대상이었다. 이집트의 초기 피라미드 역시 지상은 장례와 제사의 공간이었고 지하에는 무덤을 두었다. 둘 다 신의 공간이라 제사장을 제외하고 아무나 출입할 수 없었다.

건축은 기능을 함축하므로 결코 형태의 한계를 벗어나지 못한다. 벽체를 반원형으로 쌓아올리는 작업은 어려운 공정이라 구체

적인 기능을 염두에 두지 않고는 실현하기 힘들다. 거대한 자연석 위에 두부처럼 반듯한 돌 블록을 쌓아올리고 하부 자연석과 조화를 이루게 하는 것은 더욱 어려운 작업이다.

금과 은으로 동쪽과 남쪽 창문을 장식했다면 햇살에 반짝이는 그 섬광은 상상을 초월했을 것이다. 하지에 태양의 문 위로 떠오른 햇살이 남쪽 창문으로 고개를 들이밀 때 그 빛줄기는 더없이 신성했을 것이다. 두 개의 창문은 1년 중 동지와 하지에 떠오르는 태양의 위치에 각각 맞춰 배치돼 있다. 태양의 극점에 기초해서 잉카의 천문학자는 계절의 변화를 확인하고 그 시기에 맞춰 파종과 추수 때를 알려주었다. 남쪽 창은 하지에, 동쪽 창은 동지에 정확하게 햇빛을 받아들이고 신전 바닥의 돌에 정확한 빛의 평면을 그렸을 것이다.

태양 신전의 북쪽에 난 창을 '뱀의 창문'이라고 한다. 이 창문은 의식센터와 가깝다. 일반적인 잉카의 석조 건축물과 마찬가지로 사다리꼴의 정교한 돌쌓기로 설치됐으며, 상부에는 하중이 무거운 인방돌을 길게 놓았다. 북쪽 창문이 특별한 것은 사다리꼴 창문의 낮은 부분에 작은 구멍이 여럿 나 있기 때문이다. 일부 학자는 그 구멍이 창문에 어떤 장치를 걸어두기 위한 것이라고 했고, 다른 학자는 특별한 의식을 진행하는 동안 뱀을 들여보내기 위해 사용했을 것이라고 주장했다.

정확한 용도는 알 수 없지만, 이 특이한 구멍이 그냥 만들어지지는 않았을 것이다. 재래식 장비와 손만으로 엄청난 시간과 정성이 소요되는 작업이기 때문이다. 태양 신전의 내부 벽은 돌 블록으로 정교하게 쌓은 뒤에 사다리꼴 벽감을 설치했다. 특히 동쪽과 남쪽 벽은 타원형으로 더 정밀하게 정성을 들여 만들었다. 동쪽과 남

북쪽에 난 뱀의 창문.　　　　　　　　내부의 모습.

쪽의 창문 외부에는 기능을 알 수 없는 원형 봉이 돌출돼 있다. 외부에 태양의 극지 의식과 관계된 장식을 걸거나 알 수 없는 어떤 물체를 지지하도록 사용됐을 것으로 추측할 뿐이다.

태양 신전으로 들어가는 문은 아주 현대적이다. 마추픽추 유적에서 가장 아름다운 장식 문으로 통하는데, 주 출입구처럼 인방 상부에 돌로 만든 고리가 박혀 있다. 양쪽 문 설주에는 작은 붙박이 구멍 두 개가 각각 뚫려 있다. 이 문이 특수하게 작동하는 장치로 마무리돼 외부인이 함부로 드나들 수 없었음을 짐작할 수 있다.

오늘날 태양 신전은 북쪽으로 진입하지만 잉카 시대에 모든 진입로는 벽으로 막혀 있었다. 현재, 잉카 시대의 벽은 방문객의 순환을 위해 제거됐다. 초기 잉카인은 뉴스타 궁전 입구 오른쪽으로 난 계단으로 태양 신전에 출입했을 것으로 추정되지만 지금은 금줄로 막아놓았다.

부드러운 타원형 벽은 볼수록 긴장감을 불러일으키며 성스러움을 자아낸다. 직선은 단순하고 남성적인 힘을 상징하지만 곡선은 유려하고 통합하는 힘을 상징한다. 그래서인지 태양 신전은 하늘과 땅과 인간을 통합하는 듯 보인다. 동지에 해가 뜨는 순간 창문을 두드리는 빛은 태양 신전 내부에 한 가닥 섬광으로 자신의 존재를 과시하듯 조각한다. 그 빛은 계절의 변화를 잉태하는 생명의 빛이다.

〈잉카 제국의 마추픽추〉에 고고학자 피터 프로스트1951~가 태양 신전의 궁금증을 풀기 위해 1984년 동짓날 새벽 해가 뜨기를 기다리는 장면이 나온다. 햇살이 창문을 통과하는 순간 한 줄기 빛이 신전 바닥 돌에 난 홈 위로 정확히 갈라졌다. 어두운 바닥에 검지로 방향을 표시하듯 선명한 빛의 무늬가 나타났다. 이런 연유로 태양 신전이 태양관측소라 주장했다.

그러나 이것은 너무 단순한 판단이다. 가장 중요한 것은 그림자의 변화 과정을 살피는 동시에 동지와 하지 날짜를 확인해야 한다는 점이다. 쿠스코에서 매년 인티라이미가 시작되는 날짜는 동짓날인 6월 21일이 아니라 3일 늦은 24일이다. 이는 옛날부터 잉카 천문학자들이 6월 21일로 알았기 때문이다. 따라서 그림자로 동짓날을 측정하는 제단과 하짓날을 측정하는 제단을 동시에 추론해야 이치에 맞을 것이다. 오늘날 강대국마다 인공위성을 띄우고 하늘과 땅의 이치를 알고자 노력하듯이 잉카인은 태양 신전을 짓고 태양의 비밀을 탐색하며 농경 사회에 꼭 필요한 절기를 알아냈다.

왕의 무덤

태양 신전의 평면 구조를 확인하고 나서 다시 계단으로 내려와 왕의 무덤 앞에서 섰다. 서쪽 벽은 땅속에 가려 있지만 동쪽은 1층처럼 입구가 드러나 있다. 몇 발자국 떨어져서 바라보니 마치 현대 조각처럼 거대한 잉카의 신이 갑옷을 두르고 당당하게 서 있는 듯하다. 왕의 무덤은 정확히 태양 신전 지하에 있다. 태양 신전의 기초가 되는 거대한 자연 암석이 왕의 무덤 벽이자 지붕 역할을 한다. 잉카인은 왜 거대한 자연석 상부를 신전의 바닥으로 사용하고, 그 하부 공간을 손질해 왕의 무덤으로 사용했을까.

잉카인은 죽어서도 자신의 가족과 하인을 통제하며 권력을 행사할 수 있다고 믿었기 때문에, 후손은 선조의 미라를 살아 있는 사람처럼 모시고 봉양했다. 이런 제도를 잉카인은 '파나카'라고 했다. 파나카란 왕권을 이을 적자를 제외한 나머지 왕족이라도 죽은 왕의 권력과 부를 물려받아 계속 부귀와 영화를 누리는 제도였다. 이것은 훗날 제국의 재정을 파탄시키고, 패망의 근원이 됐다.

태양 신전의 건축 구조는 와이나픽추 북쪽 산등성이에 있는 달의 신전과 유사하지만, 태양 신전의 마름질이 더 정교하고 상징적이다. 동굴을 확장하고 돌을 깎아 제단과 벽감을 만들어서 실내 공간을 장식한 모습이 흡사 조각처럼 정교하다. 전면 입구에서 바라보면 오른쪽 위에서 왼쪽 아래로 비스듬히 내려오는 바위 선과

태양 신전의 바로 밑에는
자연석을 이용해 만든
왕의 무덤이 있다,

TEMPLE of the Sun
and underneath . LHL. 5/15.

평행하게 자리한 오른쪽의 계단 형상이 묘하게 조화롭다. 마치 신이 돌 커튼을 살짝 밀어올리고 안으로 들어갈 것 같은 모양새다. 계단 모양 조각은 어두운 실내 공간을 지키는 수호신처럼 빛과 그림자의 조화로 묘한 분위기를 낸다.

계단 형상은 잉카의 길을 상징한다. 이곳에서 어떤 의식을 치렀는지 실제로 미라를 안치했는지는 아무도 모른다. 이집트의 파라오와 달리 잉카의 왕은 화려한 지하 무덤을 만들지 않았다. 왕은 죽은 후에도 그저 다른 형태로 삶을 이어가며 날마다 권력을 휘두른다고 생각했다. 그러기에 후손은 미라에게 음식을 올리고 보살피며 중요한 제사나 의식이 있을 때는 함께 참석하게 했다. 제물을 헌납할 때도 대사제가 정중하게 귀한 금속을 바쳤고, 아이의 목숨까지 바쳤다고 한다.

무엇보다도 인공의 공간이 자연과 조화롭게 공존한다는 사실이 중요하다. 잉카인은 거대한 자연석의 형태에 맞춰 지하 동굴을 파고 세련된 벽감과 계단 형태의 대를 설치한 후 출입구를 만들었다. 태양의 아들인 왕의 미라를 태양 신전 아래 안치한다는 것은 상식적으로 이치에 맞는 발상이다. 지하 동굴을 동쪽에서 바라보면 1층처럼 노출돼 있지만 남, 서, 북쪽은 벽으로 막혀 있다. 오직 동쪽 출입구만 삼각형 모양으로 열려 있다. 텐트를 반쯤 걷어 올린 모습의 사선은 마치 안데스 산처럼 보인다.

사면으로 기울어진 동굴 천장과 비슷하게 기울어진 입구는 3 단 계단과 절묘하게 조화를 이룬다. 위로 올라갈수록 폭이 길어지는 계단 모양조각은 흡사 대지의 여신 파차마마를 떠올리게 한다. 마치 잉카 왕의 투구와 이마와 눈과 코와 입과 목의 형태를 추상적으로 조각한 것 같기도 하다.

모든 건축 공간은 그 속의 기능이나 사는 사람을 닮기 마련이다. 계단 형태의 조각이 잉카 왕을 상징하는 것인지 대지의 여신을 상징하는 것인지 알 수는 없지만, 전체적으로 사선 아래 3단으로 조각된 돌의 문은 중요한 의미를 가지고 있음에 틀림없다. 어렴풋하게 그 모습을 드러내는 동굴 내부 바닥에는 3단 돌이 탑처럼 조각돼 있다. 지하뱀, 지상퓨마, 하늘콘도르의 신을 상징한다.

출입구로 들어가면 오른쪽으로 두 개의 넓은 단이 간격을 두고 북쪽 벽과 나란하게 설치돼 있다. 빛과 그림자의 농담에 따라 어렴풋이 형상을 드러내지만, 무엇을 위한 것인지 알 수 없다. 서쪽 벽 안쪽에도 그 기능을 알 수 없는 낮은 단이 놓여 있다. 무덤 내부 벽은 잘 가공된 돌 블록으로 정교하게 짜 맞추었다. 또한 출입문 크기의 사다리꼴 벽감 네 개가 설치돼 있다. 원형 봉이 돌출돼 드러나 있지만 역시 용도는 알 수 없다. 빙엄이 마추픽추를 처음 발견했을 때 신전과 왕의 무덤은 텅 비어 있었다. 잉카의 신비를 풀 수 있는 유물이나 그 실마리가 될 만한 것은 아무것도 없었다.

공주의 거처, 뉴스타 궁전

왕의 무덤에서 남쪽으로 조금 떨어진 곳에 뉴스타 궁전이 있다. 얼핏 보면 별도의 건물로 보이지만 구조적으로는 태양 신전과 연속되어 있다. 뉴스타는 케추아어로 '공주'를 뜻한다. 따라서 뉴스타 궁전은 공주의 거처. 잉카 시대에는 궁전 출입구 오른쪽 계단으로 태양 신전에 오를 수 있었다.

뉴스타 궁전은 사다리꼴 형상의 2층 구조로, 사다리꼴 출입구의 비례가 건물 형태로 확장된 모습이다. 2층 북쪽 벽에 설치된 창문은 태양 신전에서 볼 때는 1층에 있다. 학자들은 뉴스타 궁전

뉴스타 궁전은 태양 신전 바로 옆에 붙어 위치한다.

내부의 계단으로 2층에 올라가 이 창문을 통해 태양 신전으로 드나들었다고 주장한다. 창문이 지나치게 큰 것도 그렇지만 그 창문이 태양 신전 바닥과 높이가 일치하기 때문이다. 뉴스타 궁전의 내부는 여느 건물과 마찬가지로 2층 구조를 유지했다고 볼 수 있다. 구조적으로 2층 높이에 맞춰 창이 나 있기에 여러 추측이 가능한 것이다.

뉴스타 궁전은 마추픽추 요새에서 폭과 높이의 비례가 가장 아름답기로 손꼽히는 건축물이다. 태양 신전과 벽을 마주하고 있으며, 궁전 2층과 태양 신전 바닥이 같은 높이여서 기능적으로 연관되는 건물이라고 짐작할 수 있다. 뉴스타 궁전 2층에 태양 신전의 제의에 필요한 용품들을 두는 곳일 수도 있다. 잉카의 석조 건축에서 창과 문을 겸용할 수 있게 만든다는 것은 기능적인 목적을 수행한다는 것을 의미한다.

뉴스타 궁전은 태양 신전 만큼이나 완벽할 정도로 정성들여 돌 블록을 짜 맞추었다. 잉카 건축에서는 석조 구조가 다층적이고 돌 가공의 정밀도가 높을수록 상대적으로 더 중요한 건물이다. 이 건물은 적절한 크기의 사각형 기초 위에 벽이 안으로 경사져 2층으로 솟아 있어서 그 비례가 탑처럼 아름답다. 외부 벽 위쪽에 지붕을 결속하기 위한 원형 돌봉이 돌출돼 있지만 그것 자체도 대칭이어서 아름다움을 더해준다.

비례가 아름다운
뉴스타 궁전,

Nusta Palace in M...
L.H.K. 5/4

태양 신전으로 통하는 큰 창을 제외하면 내부의 창문과 벽감은 아담한 모양이다. 모든 건축물은 그 공간을 사용하는 거주자의 행동과 성격을 반영한다. 단순한 사다리꼴이지만 전체적으로 비례가 아름답고 우아해서, 잉카의 공주나 귀족 가운데 특별히 존경받는 여사제가 사용했으리라고 추측하는 이유도 여기에 있다.

빙엄은 뉴스타 궁전이 태양 신전 영역 안에 있기 때문이 아니라, 내부 공간과 전체적인 형상으로 보아 중요한 건물이라고 생각했다. 몇몇 학자는 뉴스타 궁전이 태양이나 물을 숭배하기 위해 희생 제물로 바쳐질 처녀를 구금하는 장소이거나 혹은 태양신과 관계된 종교 의례를 집행하는 사제의 대기 장소였을 것이라고 주장했다. 둘 다 기능적으로 가능한 주장이다.

뉴스타 궁전과 태양 신전은 궁전 창문을 통해 연결된다. 어쩌면 신성한 제사를 지내기 위해 희생 제물을 옮기는 공간이었을 수도 있다. 태양 신전 내부 바닥에는 돌 테이블이 놓여 있는데, 이것이 희생 제물을 놓아두는 제대로 쓰였을 수도 있다. 태양 신전의 마당과 연결된 뉴스타 궁전은 의식센터, 신성한 우물과 전체적으로 한 공간으로 결속돼 있다.

왕의 궁전

뉴스타 궁전에서 다시 북쪽의 의식센터로 나왔다. 뉴스타 궁전, 태양 신전, 의식센터와 나란히 왕의 궁전이 놓였다. 마추픽추 요새에서 전략적 중심이 바로 왕의 궁전이다. 왕궁과 의식센터 사이의 통로에 면해 있고, 통로 계단으로 신성한 광장과 인티우아타나^{태양을} _{잇는 기둥}에 쉽게 오를 수 있고, 광장 맞은편에 있는 콘도르 신전까지 한달음에 도달할 수 있는 위치다.

마추픽추 도시 영역에는 서쪽 위에서 아래로 연속되는 일곱 테라스에 크기와 규모와 높이가 서로 다른 귀족 주거지가 있다. 그리고 여덟 번째 테라스에 마추픽추의 성스러운 젖줄인 수로가 흐른다. 그 아래 아홉 번째, 열 번째 테라스에는 마추픽추에서 가장 중요한 태양 신전과 뉴스타 궁전, 샘, 의식센터 그리고 왕궁이 연이어 놓여 있다.

이 연속된 건물 중에서 중앙 광장으로 불쑥 돌출된 건물을 빙엄은 왕의 궁전이라 이름 붙였다. 왕의 궁전과 어깨를 나란히 하는 의식센터는 왕이 의식을 집행하던 공간이다. 이곳에 샘이 흐르는 것은 왕의 권력과 기능을 동시에 상징한다. 잉카 왕은 중요한 의식을 치르기 전에 이곳 샘에서 목욕하고 심신을 경건하게 유지했다. 의식은 국가적으로 중요한 행사였으므로 마추픽추의 첫 번째 샘이 왕의 공간으로 흐르는 것은 당연하다.

중앙 광장으로 돌출해 있는 왕궁. 주변으로 주요 건물들이 모여있다. 사진에는 보이지 않지만, 계단 오른편에 의식센터와 태양 신전, 뉴스타 궁전 순으로 건물이 배치돼 있다. 사진 정중앙에 보면 콘도르 신전의 날개 부분이 보인다. 그 왼편으로 장인의 작업장이 있다.

의식센터와 마주 보는 진입 동선만이 왕의 궁전에 들어갈 수 있는 유일한 통로다. 출입구를 제외한 나머지 사방은 완벽하게 막혀 있다. 입구와 출구가 같은 공간을 경유하도록 설치된 것은 안전을 보장하기 위해서다. 내부 공간의 건축적 마감 또한 훌륭하다. 출입구로 이어진 통로 좌측에 작은 제단이 놓여 있으며, 좁은 통로를 따라 높은 벽으로 둘러싸인 작은 알코브서양 건축에서 벽의 한 부분을 쑥 들어가게 해놓은 부분. 이곳에 침대나 의자를 들여놓기도 한다 공간이 연속적으로 설치돼 있다.

벽에는 석조 원형 고리가 돌출돼 있다. 이 원형 고리는 교수대로 이용됐거나 횃불을 꽂았던 것으로 추정된다. 마추픽추에는 감옥이 따로 있기 때문에 궁전 출입구에 교수대를 설치하는 것은 이치에 맞지 않을 수도 있다. 어쩌면 밤에 횃불을 걸거나 잉카 왕을 상징하는 깃발을 꽂았던 고리일 수도 있다.

출입구와 파티오중정가 만나는 벽 아래에 낮은 단의 돌이 놓여 있다. 단 위로 두 개의 사다리꼴 벽감이 있고 그 위로 높은 벽이 솟아 있어 외부에서는 아무것도 엿볼 수 없다. 아마도 의식과 관련된 장식이나 선조의 미라가 놓여 있었을 것으로 추정된다. 이 돌 제단과 마주하는 파티오 바닥에 높이가 낮은 절구 모양의 원형 석재가 놓여 있는데, 이곳에서 의미 있는 의식이 치러졌음을 증명해준다.

파티오 남쪽의 방이 북쪽에 있는 방보다 작다. 남쪽 방은 침

01 의식센터에서 왕의 궁전으로 통하는
　유일한 출입구.

02 단이 층져있는 부분이 왕의 침실..

03 신성한 의식을 치렀을 것으로 예상되는
　내부 공간.

01

02

03

실이고, 북쪽의 큰 방은 왕의 집무실이라고 빙엄은 추정했다. 전체 공간의 균형을 잡아주는 파티오를 중심으로 침실과 집무실이 서로 마주 보며 기하학적으로 배치돼 있다. 침실과 집무실은 높은 박공 벽으로 쌓아올려 다른 건물에 비해 권위가 돋보인다. 잘 마감된 사다리꼴 형태의 출입문은 위엄과 아름다움을 동시에 보여준다.

침실로 보이는 방의 서쪽 벽에는 침대 위치를 한정하는 돌이 바닥에 설치돼 있다. 벽에는 잘 가공된 열 개의 벽감이 사다리꼴 형상으로 세련되게 설치돼 있다. 방의 규모에 비해 벽감이 많은데, 수장용 벽장으로 보인다. 최근 자료에 따르면 왕의 궁전 벽면에 황금 판이 부착된 흔적과 왕의 침실에 화장실도 딸려 있었음이 확인됐다.

파티오 북쪽의 방은 남쪽의 침실보다 조금 더 크다. 이 방에는 열두 개의 아름다운 벽감이 설치돼 있다. 그 옆에 낮은 벽으로 둘러싸인 공간이 있는데, 의식에 쓰이는 용품을 손질하는 부속 공간으로 사용됐다. 궁전의 동쪽과 북쪽에는 부속 시설로 사용함직한 더 많은 방이 있다.

작은 마을에서 도시에 이르기까지 사람이 사는 곳에는 항상 중심 공간이 있기 마련이다. 마추픽추는 거대한 콘도르의 형상하고 있다. 돌로 된 머리와 날개, 다리 뿐만 아니라 심장도 있는 거대한 콘도르다. 콘도르의 심장에 왕궁이 자리하고 있다. 심장은 신체의 모든 부위와 가장 가까운 지름길에 위치한다. 최고 권력자는 항상 도시 중앙에 있으며, 도시 전역까지 가장 짧은 동선으로 도달할 수 있다. 가장 짧은 동선은 곧 왕의 권력을 상징한다. 요새 내의 모든 시설을 관장하는 가장 효율적인 위치에 왕의 궁전이 자리하는 것은 당연하다. 성스러운 샘을 지배하는 자가 제국의 왕이며, 그가 거주하는 곳이 왕의 궁전이다.

달의 신전과 대사제의 집

왕의 궁전을 나와 가파른 계단을 통해 서쪽 언덕에 오르면 채석장 너머 북쪽에 신성한 광장이 보인다. 건물이 네 면을 둘러싸고 있는 신성한 광장은 채석장과 북쪽의 인티우아타나 사이에 있다. 잉카의 종교 의식을 치르던 곳으로 추정하는데, 신전과 의식 기능이 융합된 여러 건물이 있다.

위계상으로는 인티우아타나의 허리쯤에 위치한다. 거대한 피라미드의 정상 인티우아타나에서 태양을 묶어두는 중요한 의식을 행했다면, 신성한 광장에서는 다양한 잉카 의식이 복합적으로 치러졌을 것이다. 둘러싼 건물은 모두 광장을 중심으로 열려 있다. 일련의 종교 의식을 치렀음을 공간적으로 입증한다. 제단과 별자리를 관찰했던 특별한 돌이 마당에 놓여 있다.

이 광장의 동쪽 건물은 세 개의 창문이 있는 신전이다. 남쪽에는 대사제의 집, 북쪽에는 주 신전, 서쪽에는 달의 신전으로 불리는 반원형 테라스가 있다. 신성한 광장의 일부 기초가 되는 벽이 내려앉아 학자들은 이곳이 마추픽추 요새에서 가장 나중에 건설됐을 것으로 추정한다.

신성한 광장의 서쪽은 깎아지른 절벽이다. 그 절벽에 기댄 낮은 타원형 석벽이 달의 신전이다. 와이나픽추 북쪽 비탈에도 달의 신전이 있다. 와이나픽추에 있는 달의 신전은 지상과 지하로 나뉜 입체적인 공간이지만, 신성한 광장에 있는 달의 신전은 지극히 평면적이다. 반원 형태로 쌓아올린 돌출 구조물의 하부 기단은 막돌 쌓기가 아닌 정밀한 돌쌓기로 마감돼 있다. 그 위에는 하부 기단보

신성한 광장의 전경. 사진 왼쪽을 보면 와이나픽추 봉우리가 우뚝 솟아 있다.
그 밑으로 무너지고 있는 주 신전이 있으며 바로 옆에 세 개의 창문이 있는 신전이 위치하고 있다.

다는 조악한 막돌 쌓기로 반원형 벽을 만들었는데, 이것은 나중에 복원된 것으로 보인다. 이곳 난간에 늘 관광객이 걸터앉아 서쪽 절벽을 굽어보거나 노을을 즐긴다.

달의 신전 앞쪽 바닥에는 야간에 달과 별을 관찰하는 데 사용했을 것으로 보이는 석조 구조물이 놓여 있다. 마름모 형태의 돌이 비스듬하게 누워 있는데, 경사진 꼭짓점이 향하는 곳이 정확하게 남십자성이라고 한다. 이 특별한 돌만으로도 서쪽에 누워 있는 반원형 구조물이 달과 별을 관찰하던 달의 신전이었음을 알 수 있다.

신성한 광장의 동쪽을 바라본다. 돌쌓기 구조가 층층이 다른 테라스 위에 올라타고 있는 작은 신전, 반쯤 허물어진 세 개의 창문이 있는 신전이다. 벽은 잘 가공된 돌 블록으로 완벽하게 짜 맞춰져 있다. 전체적으로는 ㄷ자 형태로, 신성한 광장을 바라보며 서쪽으로 열려 있다. 사다리꼴 모양의 출입구를 제외한 벽은 모두 막혀 있었을 것으로 추정한다. 서쪽 벽의 일부였을 것으로 추정되는 기둥과 돌이 바닥에 나뒹군다. 이 돌들로 미루어보아 중앙의 수직 기둥은 지붕을 지지하고 있었을 것이다. 남쪽 벽의 윗부분도 허물어졌지만 북쪽의 삼각형 모양 박공벽 꼭대기에는 작은 창문이 남아 있다. 벽 외부에는 지붕을 고정하던 원형 돌봉이 돌출돼 있다. 세 개의 창문이 동쪽을 바라보고 있다. 동지 때 태양이 떠오르는 순간 세 개의 창문으로 들어오는 햇빛이 어둠의 바닥을 분할하며 정확한 절기를 알려주었을 것이다. 세 개의 창문에 걸린 푸른 하늘이 시적이다.

벽은 무지막지하게 큰 돌로 쌓아 만들었다. 도대체 이 거대한 돌을 평지도 아닌 테라스 위로 어떻게 옮기고 또 쌓았을까. 게다가 정교한 창문까지 뚫어 전체적으로 세련되고 아름답게 돌벽을 쌓아 올렸다. 벽의 양 끝을 막고 있는 남북 벽에는 각각 하나씩 두 개의 벽감이 설치돼 있다. 동쪽으로 난 세 개의 창문은 각각 천국, 지상, 지하를 상징한다. 이는 잉카인이 섬겼던 하늘의 신 콘도르, 대지의 신 퓨마, 지하의 신 뱀과 정확하게 일치한다.

거대한 돌로 쌓았는데도 돌과 돌 사이의 접합면이 정밀하고 매끄러워 신전 벽은 남미에서 가장 아름다운 벽으로 불린다. 신전 바로 앞에는 작은 광장이 있는데, 빙엄의 기록에 따르면 여기서 수많은 도자기 파편이 발견됐다. 잉카인은 특별한 종교 의식을 치르는 동안 풍요를 기원하며 도자기를 던져서 부수었던 것으로 보인다.

광장의 서쪽에 걸쳐 있는 반원형 테라스가 바로 달의 신전이다.

동쪽으로 세 개의 창문이 있는 신전. 대사제의 집이 바로 옆에 붙어있다.

신성한 광장의 남쪽에 가공 상태가 가장 열악한 건물이 눈에 띈다. 빙엄은 이 건물을 '대사제의 집'이라고 불렀다. 대사제의 집은 광장의 주변 다른 건물에 비해 정밀도가 떨어지는 막돌 쌓기로 마감했기 때문에 신전의 부속 건물로 보인다. 종교 의식을 수행하기 위해 사제가 빈번히 들락거렸을 이 건물은 광장을 향해 두 개의 사다리꼴 문이 나 있으며, 내부 벽에는 일련의 벽감이 정교하게 설치돼 있다.

　　광장으로 면한 벽에 난 두 개의 사다리꼴 출입구를 두고 빙엄은 광장에서 하는 일에 효율적으로 대응하기 위한 것이라고 해석했다. 문은 기본적으로 열고 닫는 기능을 하지만, 한 공간에 두 개의 문이 있다는 것은 닫는 기능보다 여는 기능을 더 강조했다고 볼 수 있다. 따라서 이곳은 열림을 전제로 한 공간이었음이 분명하다. 『DISCOVERING MACHU PICCHU』에 따르면 대사제의 집은 그의 이름을 따서 위야흐 우마라고도 불리기도 한다. 대사제는 의식

신성한 광장을 향해 설치된 대사제의 집 출입구.　　대사제의 집 내부.

을 행하는 주체인 동시에 하지에 쏟아지는 햇빛의 강도와 색으로 자연의 메시지를 해석해 그해의 풍요를 예견하는 잉카 시대 최고의 대학자였다.

무너지는 주 신전

신성한 광장 북쪽에 있는 주 신전은 인티우아타나를 등지고 있다. 다른 건물에 비해 유독 큰 최대 11m에 이르는 거대한 규모의 돌을 사용해 정교하게 건축됐다. 이 신전 역시 ㄷ자 형태를 보이는데, 건물의 동쪽 모서리 돌은 거대한 규모일 뿐만 아니라 쿠스코의 12 각 돌보다 훨씬 많은 32각이라 하지만 다 셀 수가 없다. 하지만 북쪽 벽은 심한 균열을 보이며 무너지고 있다.

600년 동안 폭우와 지진과 산사태에도 마추픽추가 거의 완벽한 모습을 유지한 것은 기적이다. 그러나 주 신전 벽은 지금 무너져 내리고 있다. 거대한 돌을 깎고 옮기고 쌓아올리는데 최고의 전문가였던 잉카의 기술자에게 도대체 무슨 일이 일어난 것일까. 건축공학적으로 원인은 명쾌하다. 지반 침하로 일어난 벽의 균열이다. 단단한 기초 위에 무거운 벽이 제대로 올라타지 못한 것이다.

발굴 당시의 말에 따르면 이 신전의 기반은 돌이 아니라 흙뿐이었다. 매사에 완벽한 잉카 기술자의 실수라고는 믿기 어려운 사

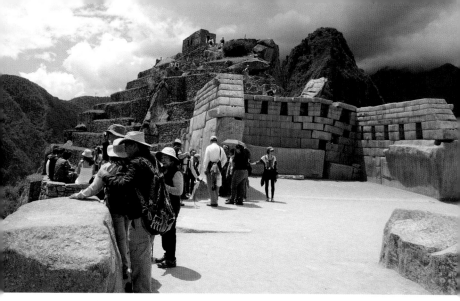

주 신전의 뒤편 테라스 위에 인티우아타나가 보인다. 먹구름 사이로 와이나픽추가 자리하고 있다.
왼편에 달의 신전에 걸쳐 앉은 관광객들도 있다.

실이다. 언제 무너진 것인지도 알 수 없다. 이것은 잉카의 건축 스
타일이 아니다. 그렇다면 작업 과정에서 도대체 무슨 일이 일어난
것일까. 거대한 돌을 32각이나 모서리를 깎아가며 아귀를 맞춘 잉
카의 기술자가 기초 하나 제대로 보강하지 않고 집을 지었다는 것
은 설득력이 약하다.

　　건축과정에서 생긴 문제였다면 왜 계단식 테라스가 무너졌을
때처럼 철저하게 보수하지 않았던 것일까. 마추픽추가 가장 큰 위
협을 받았을 때 무너진 것이라는 의견도 있지만, 이곳에선 에스파
냐 침략자의 공격이나 부족 간 싸움의 흔적조차 찾을 수 없다.

　　가장 적절한 이유는 잉카가 무너질 시기에 마지막으로 지어졌

다는 가설이다. 사람들이 전염병으로 죽어가고 물자 공급이 끊어졌을 가능성이다. 그러자 왕국은 비틀거렸으며 잉카의 일꾼은 방황했을 것이다. 이것만으로도 설명하기 힘들다. 어떤 경우에도 기초를 만들지 않고 건물 벽을 세우지 않기 때문이다.

아무리 천연두로 사람이 죽어나가더라도 기초를 다지지 않고 건물 벽을 세운다는 것은 건축 과정에서 생각하기 어려운 일이다. 주 신전 뒤쪽에는 채 마무리하지 못한 거대한 돌이 비석처럼 서 있다. 이것으로 기초공사를 제대로 하지 못한 이유를 설명하기에는 역부족이다. 이것으로 마추픽추를 미완성의 도시로 설명하는 것도 적절치 못하다.

주 신전은 남쪽 벽이 없고, 아주 거대한 돌을 정밀하게 짜 맞춘 3면의 벽만이 있는 ㄷ자 형태다. 주 신전에는 왕의 미라를 안치했던 것으로 추정한다. 학자들은 주 신전의 모서리가 모두 비스듬하게 마감돼 있어서 지붕이 없는 벽 자체로 온전한 건물이었을 것이라고 주장한다. 미라를 건조하기 위해 지붕을 만들지 않았다는 것이다. 진실은 아무도 모른다. 북쪽 벽에 일곱 개, 동쪽과 서쪽 벽에 각각 다섯 개의 아름다운 벽감이 설치돼 있다. 북쪽 벽에 면해서는 작은 제단이 놓여 있는데, 불행히도 북쪽 벽은 신비감을 간직한 채 무너져 내리고 있다.

주 신전의 북쪽 벽을 등지고 낮은 벽으로 구획된 방이 서쪽으로 열려있다. 직사각형의 이 방은 주 신전과 인접해 있기 때문에 빙엄은 장례용 방이라고 생각했다. 잉카 귀족의 무덤이거나 미라를 놓았던 곳, 축제나 행사 때 왕의 미라를 안치했던 곳이라고 추측했다.

태양을 묶는 기둥

신성한 광장의 주 신전 서쪽 벽을 따라 꼬불꼬불 테라스 위로 난 계단을 오른다. 이 길은 피라미드에 오르는 길이자 정통 잉카 트레킹의 압축판이라고 불린다. 그 꼭대기에 인티우아타나가 있다. 마추픽추 요새에서 가장 높고 위엄이 넘치는 피라미드 정상이다. 마추픽추의 건축물은 남북으로 길게 펼쳐진 중앙 광장을 중심으로 동쪽의 부속 건물과 서쪽의 피라미드 신전이 마주보는 형태로 배치돼 있다. 지형적으로 가장 두드러진 인티우아타나가 위치한 피라미드 정상은 오늘날 신성한 광장으로 난 계단으로 오른 뒤 북쪽으로 난 계단으로 내려오게 돼 있다.

인티우아타나 피라미드는 마야 유적지의 치첸이트사 피라미드처럼 완벽한 기하학적 형태는 아니지만 지형을 이용해 자연스럽다. 신성한 광장에서 피라미드 꼭대기에 이르는 길은 마치 잉카의 길을 압축해놓은 듯 우루밤바 협곡을 끼고 오르는 계단길이다. 그 길목에 와이나픽추 봉우리를 연상시키는 암석이 있고, 그 뒤로 인티우아타나 마당을 받치는 테라스 석벽이 나타난다. 석벽에는 둥근 석재가 불룩 튀어나와 있어 눈길을 사로잡는다. 둥근 돌에 구멍이 난 정교한 조각인데, 용도와 기능은 알 수 없다.

거대한 피라미드 정상에는 남쪽에서 진입하는 순서에 따라 한 단 차이로 세 개의 마당이 연이어 있다. 두 번째 마당에는 서쪽 절벽에 기댄 일련의 건물이 동쪽을 향해 열려 있다. 정교하게 쌓은 벽과 창과 벽감으로 마감된 이 공간은 종교 의식을 준비했던 곳으로 보인다. 가장 넓은 세 번째 마당, 여기에 사각의 돌기둥이 우뚝 솟아 있다. 이것이 인티우아타나다. 태양을 묶는 기둥이라는 뜻을 가진 높이 1.8m 거석 기념비를 중심으로 동남쪽의 ㄱ자 벽과 북쪽의 꺾인 벽이 낮게 자리한다.

북쪽으로 와이나픽추가 손짓하고 서쪽 절벽 아래 우루밤바강이 굽이쳐 흐르며, 동쪽으로 중앙 광장이 펼쳐지고, 남동쪽으로 태양 신전과 테라스가 한눈에 펼쳐지는 이곳이 피라미드 정상이다. 돌로 깎은 촛대처럼 투박하게 서 있는 사각형 기둥 모양의 인티우아타나가 태양의 그림자를 조각한다. 자연석을 깎아 단을 만들고 제일 위에 사각형의 기둥을 세웠다. 박물관에 있었더라면 그냥 조각품이었을 테지만 대지의 꼭대기에 뿌리를 내린 인티우아타나는 대지와 하늘을 이어주는 안데스의 기둥으로 보인다. 1년에 두 번 춘분과 추분에 태양이 이곳에 도달하면 이 기둥의 그림자가 사라진

01

02

01 대지의 꼭대기에 뿌리를 내린 인티우아타나. 대지 와 하늘을 이어주는 안데스의 기둥이다.
02 해시계 또는 천체 관측소 역할을 했을 인티우아타나.

다는 사실에서 해시계나 천체 관측소로 추측하기도 한다.

잉카인은 태양의 그림자가 사라지는 동지에 태양을 이 돌기둥에 묶는 의식을 치렀다. 그러면 동짓날 이후 일조량이 조금씩 늘어나 다시 태양이 원래 주기로 돌아온다고 믿었다. 태양의 귀환을 기리는 의식을 치르면서 잉카 제국의 힘을 과시한 것이다. 인티우아타나는 대지와 하늘을 잇는 상징적인 기둥이다. 조선시대에 구식일식이나 월식이 있을 때 行하던 의식을 치르며 왕의 권위를 드높인 것과 다르지 않다.

이 놀라운 구조물은 주변 경관을 완벽하게 지배하고 있다. 배치상으로 마추픽추의 중심은 왕의 궁전과 의식센터이지만 지형적인 위계로 보면 단연 인티우아타나다. 인티우아타나의 네 모서리는 악시스 문디성스러운 세계의 축와 정확히 일치한다고 한다. 가장 높은 봉우리인 살칸타이봉과 와이나픽추봉을 잇는 남북 선상과 산미겔봉2.928m과 와카이위카봉5.893m을 동서 방향으로 연결한 선상의 교차점에 이 구조물의 네 모서리가 정확하게 일치한다고 한다.

이러한 축이 맞다면 이것은 잉카 시대 천문학의 발전을 가늠케 한다. 1년에 두 번 춘분과 추분 때 태양이 정확하게 인티우아타나 위에 뜨기 때문에 잉카인은 한 치의 오차도 없이 동서남북의 방향을 인식할 수 있었다. 인티우아타나의 네 모서리를 극점과 일치시킨 잉카인은 이 네 방위의 극점을 신성하게 추앙했다. 실제로 잉카 시대에는 이 네 방위에 화려한 장식을 달았다고 한다. 잉카인은 상징적으로 태양을 인티우아타나에 묶어놓고 하지만 동지 때 너무 멀리 달아나지 못하게 했다. 이것은 땅과 물을 지배한 파차쿠텍이 마침내 하늘을 지배하게 되는 마지막 도전이었다.

잉카인은 자신들이 신을 제대로 숭배한다면 신이 농사짓기에 가장 적절한 기후를 내려준다고 믿었다. 그들의 우주관에 따르면 가뭄과 홍수는 자연의 벌이다. 그래서 신의 노여움을 풀기 위해 동물과 사람을 희생 제물로 바쳤다. 잉카인들도 마야인들처럼 일식을 예견할 정도로 천문 관측에 뛰어났으며, 달의 변화와 별자리의 위치와 움직임까지도 잘 알았다. 폭넓은 천체 지식으로 무장한 잉카인은 대지의 풍요를 예견할 수 있는 적절한 기후를 얻기 위해 산과 물과 태양의 정령을 향해 기도했다.

이렇게 볼 때 인티우아타나는 태양의 영원을 기원하는 제단이었음이 분명하다. 인티우아타나로 진입하는 세 개의 마당이 연속되는 이유는 아직 정확히 밝혀지지 않았다. 지하, 지상, 천상의 공간을 시적으로 표현한 것으로 짐작할 뿐이다. 인티우아타나의 서쪽 모서리를 잘 보면 살짝 파손돼 있다. 풍문에 따르면 이는 2001년 맥주 광고를 촬영하던 중 크레인이 인티우아타나로 넘어지면서 생긴 흔적이다.

중앙 광장과 신성한 바위

인티우아타나 북쪽으로 난 계단을 따라 내려오자 중앙 광장이 펼쳐지고, 광장을 중심으로 다양한 테라스가 남북 방향으로 놓여 있다. 중앙 광장은 과학적인 배수 시스템이 장착된 잉카 과학의 산물이다. 중앙 광장의 지하 역시 다른 계단식 테라스처럼 맨 밑에 굵은 잡석을 깔고 그다음 자갈, 모래, 흙의 순서대로 부어 다져 만든 인공 지반임에 틀림없다. 폭우가 쏟아져도 빗물은 곧바로 지하로 스며들어 배수로로 빠져나가기 때문에 요새 내에 물이 고이는 일은 없다.

중앙 광장의 남동쪽으로 비탈지게 테라스를 쌓은 이유도 역시 배수와 관계가 있다. 잉카인이 광장 지하에 세 개의 배수관을 놓았기 때문에 땅속으로 스며든 물이 빠른 시간에 남동쪽 사면으로 빠져나간다. 현장에서 확인할 수는 없었다. 광장은 크게 3단의 넓은 면으로 구성된다. 가장 큰 중앙 광장은 정확하게 인티우아타나 피라미드 아래에 위치한다. 이곳에서 일련의 종교 의식이 있었을 것으로 추정한다.

중앙 광장에는 잉카인이 만든 거대한 선돌이 비석처럼 서 있었다. 아마도 이곳에서 치르던 의식과 관계가 있었을 것이다. 페루 정부가 외국 귀빈을 위해 헬리콥터 착륙장을 만들면서 제거했다가 복원하기를 수차례 반복하다 결국 파손돼 광장에 묻어버렸다고 전한다. 중앙 광장을 가로질러 와이나픽추로 진입하는 북쪽 끝에는 와이라나 형태의 초가집 두 채와 작은 마당이 있다. 이곳이 와이나픽추로 향하는 트레킹 관문이다. 작은 마당을 사이에 두고 초가집이 서로 마주보고 있고, 마당의 동북쪽 끝자락을 막고 산 모양의 신성한 바위가 기념비처럼 놓여 있다.

이 작은 마당의 실질적인 지배자는 초가집이 아니라 마추픽추 요새를 건설하기 이전부터 이곳에 있었다는 신성한 바위다. 너비 7.6m의 신성한 바위는 뒤쪽으로 아스라이 바라보이는 야난틴 봉우리를 본뜬 것으로 추정된다. 잉카인은 이 바위에 안데스의 정령 '아푸스'가 서려 있다고도 믿었다. 직사각형 받침대 위에 그림처럼 놓여있는 바위를 아푸스를 숭배하는 제단으로 사용됐을 것으로 짐작한다.

잉카인은 자연을 영적인 대상으로 숭배했다. 신과 인간의 중

신성한 바위.

재자를 자연에서 구한 이들은 기하학적이고 추상적인 자연 형태에 영적인 에너지가 들어 있다고 여겼다. 대지의 어머니인 파차마마와 관련 있는 일종의 상징이라고 믿은 것이다. 신성한 바위는 잉카인이 숭배한 다양한 정령 중 하나였다. 단지 뒷산의 형상을 재현한 것이 아니라, 산의 정령을 대표하는 하나의 상징으로 숭배했을 것이다.

세 개의 정문을 가진 건물

신성한 바위 동쪽으로 난 오솔길을 따라 고지대 건물로 향했다. 신성한 바위와 고지대 건물 사이를 낮은 언덕이 가로막고 있다. 3단의 높은 테라스 위에, 전면에 세 개의 방을 막고 있는 벽체가 가지런히 서 있다. 오른쪽 세 번째 방은 세 개의 정문을 가진 건물과 축을 맞추기 위해 부채 모양으로 놓여 있고, 그 뒤의 건물은 앞 건물과 축이 조금 틀어진 형태로 직사각형 방 여러 개가 대지의 형상에 맞춰 서로 축을 달리하며 배치돼 있다.

　　학자들이 이곳 유적지를 평민의 거주지라고 부르는 이유는 각각의 방을 구획하는 돌벽의 정밀함이 떨어지기 때문이다. 막돌 사이에 진흙 모르타르석회와 모래를 일정 비율로 혼합해 물로 반죽한 것를 사용해 쌓았지만 오늘날 흙은 사라지고 막돌만이 무성하게 자란 잡풀을

01

02

01 평민의 거주지로 추정되는 세 개의 정문을 가진 건물.
02 건물 입구의 모습.

붙들고 있다. 서쪽 테라스의 귀족 주거지와 신전, 왕의 궁전보다 돌쌓기의 질이 현저하게 떨어지는 것은 맞지만 공간적으로는 완벽하다.

잉카 농민의 집은 진흙으로 지은 어도비 양식으로 오늘날 그 존재조차도 알 수 없는 것에 비하면 이곳의 집은 상당한 수준의 사람들이 살았을 것으로 추정할 수 있다. 일련의 통로와 좁은 거리가 각각의 건물과 연결되는 이 건물 유적의 배치는 아주 모던하다. 몇몇 학자는 이 건물이 학생이 공부하는 교실이었다고 주장한다. 서로 다른 크기의 직사각형 방이 햇살에 반짝이고 있지만 그 누구도 알 수 없는 일이다.

고지대 건물 남쪽에 인티우아타나를 마주 보고 있는 세 개의 정문을 가진 건물이 있다. 기하학적인 모양의 반듯한 방 세 개로 나뉘어 있는 이 건물 역시 남쪽의 세 번째 방과 이웃하는 생산 영역 건물의 축에 맞춰 적당히 틀어져 있다.

연속된 세 개의 정문이 우뚝 솟아 있어 전체의 조망을 주도한다. 정문은 특별한 영역이었음을 말해주는 박공지붕으로 돼 있고, 외벽에는 지붕을 고정하는 데 쓰이던 원형 봉이 콘도르의 눈처럼 돌출돼 있다.

중정을 지나 출입구가 세 개인 방이 규칙적으로 배치돼 있다. 방 안에 놓인 조각된 돌을 가리켜 빙엄은 제단으로 사용됐으리라고 추정했다. 방 뒤쪽의 푸투쿠시 봉우리2,560m 쪽으로 직사각형의 크고 작은 방이 통로를 사이에 두고 대칭적으로 놓여 있다. 그 용도는 알 수 없지만 큰 규모의 앞 공간을 지원하는 부속 공간으로 추정한다. 이 건물은 주거지로 추정되는 북쪽의 고지대 건물과 남쪽의 생산 영역 건물 사이에 단정한 모양새로 놓여 있는데, 앞으로 연결된 계단을 통해 들어갈 수 있다.

빙엄은 이곳에서 잉카의 결승문자 '키푸'를 발견했다. 키푸는 끈의 색과 매듭으로 숫자와 문자를 표시한 잉카 제국의 문자다. 이런 이유 때문이었을까. 빙엄은 이 건물을 지적인 장소라고 불렀다.

장인의 작업장

신성한 광장과 마주 보는 곳이 생산 영역이다. 서로 다른 높이의 두 테라스에 여러 건물이 자연스럽게 배치돼 있다. 빙엄은 이곳을 생산 영역, 즉 잉카 기술자의 작업장으로 쓰였을 것으로 추정했다. 상부와 하부의 영역이 서로 다른 기능을 하는 공간처럼 보이기도 하지만, 모두 이른바 수공예품을 만드는 잉카 장인의 공방으로 추정하였다.

『잉카 최후의 날』에는 이런 글이 나온다.

01

02

01 생산 영역의 출입구로 보이는 세 개의 창문이 있는 신전.
02 절구 모양의 원형 돌.

"잉카 왕의 피난길에는 신전의 제례를 주관하는 신관, 예언자, 석공과 건축가, 하인과 목수, 치료사와 최고 근위대, 농부와 목동이 그 뒤를 따랐다."

이런 관점에서 보면 마추픽추를 건설하고 보수하기 위해 꼭 필요한 석공, 건축가, 목수를 비롯한 다양한 장인이 이곳에 거주했을 것이다. 낮은 테라스에 자리한 생산 영역 뒷부분에는 잘 정제된 공간 바닥에 깊이가 낮은 절구 모양의 원형 돌이 놓여 있다. 믿을 수 없을 정도로 정교한 돌쌓기로 마감돼 있고 공을 들인 흔적도 확인할 수 있다. 원형 돌에는 옥수수나 곡식을 빻았던 그 어떤 흔적도 남아 있지 않다. 마모된 흔적조차 보이지 않는 것으로 미루어 절구로 사용하지는 않았을 것이다.

그렇다면 이 돌은 어떤 용도로 쓰였을까. 의식용으로 만든 치차옥수수 술와 제물로 바치는 야마의 피를 담은 것으로 추정한다. 이 영역의 북쪽 경사지에 정교하게 조각된 제단에서 치르는 중요한 의식에 쓰이지 않았을까. 생산 영역의 일부 건물 외벽에도 위와 아래에 이중으로 벽감이 설치돼 있어 궁금증을 자아낸다. 이 영역에는 계단이 없어서 어떤 이는 나무를 가공하는 곳이 아니었을까 짐작하지만, 이 또한 추정에 불과하다. 질이 떨어지는 돌쌓기와 고도의 정밀한 돌쌓기가 공존하는 생산 영역에는 서로 다른 세 개의 건물 영역이 있다. 중앙 광장에 면한 건물은 일정한 축을 유지하지만, 뒤동쪽 절벽로 갈수록 테라스의 선형에 맞춰 자연스럽게 배치돼 있다.

천국과 지옥을 포옹하는 콘도르

생산 영역을 빠져나오자 계단길이 곧바로 신성한 광장으로 이어진다. 남쪽에는 콘도르 신전이 앉아 있다. 마추픽추에서 가장 확실하게 그 공간의 용도를 규정할 수 있는 곳이 바로 콘도르 신전이다. 벽화나 조각, 부조보다 더 정확하게 공간의 기능을 알려주는 것이 공간의 형상인데, 콘도르 신전은 남쪽 성벽 쪽의 파괴된 건물 유적지와 생산 영역 사이에 삼각주 모양으로 놓여 있다. 생산 영역보다 낮은 곳에 있지만 공간적으로 왕궁과 가까이 있다. 따라서 동쪽 건물 유적지에 속하지만, 기능적으로는 왕궁 유적지의 일부로 보인다. 콘도르 신전의 북쪽 길은 중앙 광장을 가로지르며 신성한 광장으로 이어지고, 남쪽 길은 샘을 따라 왕궁과 긴밀하게 연결된다.

태양 신전과 왕의 무덤이 상하부로 분리된 것에 비해 콘도르 신전은 3층 구조다. 지하와 지상과 하늘의 공간이 입체적으로 공존한다. 콘도르의 머리제단를 상징하는 주둥이가 바닥에 평면적으로 놓여 있고, 그 뒤로 날개를 상징하는 자연석이 비상하듯 2차원과 3

차원 공간으로 확장돼 있다. 지상퓨마, 지하뱀, 하늘콘도르이 같은 공간에 공존한다.

콘도르 신전이라는 이름은 바닥에 조각된 콘도르의 머리 부분과 그 뒤쪽에 있는 콘도르의 날개를 암시하는 암벽에서 따왔다. 이는 실제 콘도르가 날개를 펼친 이미지를 형상화했다. 1층에 있는 콘도르의 주둥이와 목 부위의 하얀 털을 상징하는 제단이 광장의 중심을 잡아주고 있고, 지하에는 감옥이 있다. 콘도르의 날개 위에 작은 마름돌을 쌓아올린 각각의 방은 어떤 기능을 했는지는 알 수 없다. 일부 학자들은 감방으로 사용됐을 것으로 추정하고 있다. 날개 뒤에는 신전을 암시하는 2층 높이의 거대한 벽이 공간을 풍족하게 안고 있는데, 이 공간은 신과 인간, 이상과 현실이 공존하는 우주적 공간을 형상화했다.

콘도르 신전이 특별한 것은 감옥으로 추정되는 공간이 지하와 지상에 공존하기 때문이다. 신전의 감옥은 세 가지 형태로 나뉜다. 첫 번째는 어둡고 습기 찬 지하 감옥이다. 어떤 이는 독거미나 뱀처럼 독이나 사나운 성질을 가진 동물을 이용해 죄수를 고문했을 것이라고 주장한다. 다만 정교한 돌로 벽감까지 설치하는 등 정성스럽게 만들어졌다는 점에서 고문실은 아닌 것 같다. 지하 공간이 미라를 안치하거나 의식을 치르는 장소가 아니라면 상대적으로 정밀한 돌쌓기는 하지 않았을 것이기 때문이다.

사진 아래쪽 사람 뒤편으로 콘도르 신전이 위치하고 있다. 신전의 날개가 허물어진 채로 어눌하게 보인다. 위쪽으로 마추픽추 도시 영역의 돌담과 건물이 자리잡고 있다.

두 번째는 콘도르 신전의 날개 뒤 2층 부분에 해당하는 긴 직선의 벽이다. 이 벽에 아홉 개의 벽감이 열 지어 설치돼 있다. 마야인들은 지하 세계를 9층으로, 천국을 13층으로 믿었다. 잉카인들은 비슷한 세계관을 갖고 있었던 걸까. 아홉 개의 벽감이 지하세계를 상징하는지 밝혀지지 않았다. 이 벽감에 죄수를 가두고 벽감의 입구는 숨 쉬고 먹을 수 있는 구멍만 남기고 어도비나 돌 블록으로 덮었을 것으로 추정하지만, 이 또한 확실치 않다.

세 번째는 콘도르의 날개에 해당하는 천연 암석 위에 마름돌 쌓기로 마감한 벽감이다. 천연 암석만으로는 풍만하게 날개를 펼친 콘도르의 이미지를 상상할 수 없기 때문에 인공 벽을 추가로 쌓아 벽감을 설치했다. 벽감의 측면 모서리 돌에는 안과 밖이 서로 통할 수 있는 구멍이 정교하게 뚫려 있다. 사람 크기의 벽감 속에 죄수를 구금하고 작은 구멍으로 음식을 넣어주었다거나 이 구멍에 죄수의 손목을 묶기 위해서 손을 넣었을 것으로 보이지만, 이것도 추측에 불과하다.

일부 학자는 죄수를 구금하는 벽감이 아니라 콘도르와 관련된 의식을 치르는 동안 미라를 놓았던 제단이라고 보고 있지만 이 또한 근거는 없다. 진실이야 어떻든 간에 콘도르 신전의 구조는 층별로 구별되며, 각각 차별화된 공간으로 축조돼 있다. 하나의 이미지를 상징하는 공간에 3차원의 입체 이미지를 구현했다.

자연석을 활용해 평면 부조와 입체적인 날개를 만들고 날개 위에 특별한 벽감의 기능을 싣고, 발톱에 해당하는 지하에 감옥을 설치한 공간감은 현대의 건축가도 생각하기 힘든 작업이다. 기하학적인 구조를 갖춘 콘도르 신전 영역에는 4분의 1 타원 형태가 세 곳이나 있다. 그것도 평면이 아니라 곡선의 벽이 하부의 직각 벽과 만나 공간적으로 풍부한 상상력을 불러일으킨다.

콘도르 신전과 남쪽 성벽 사이에는 일군의 파괴된 건물 유적이 있다. 잘 마감된 두 개의 계단 통로가 남북으로 관통하는 이 유적지는 마추픽추의 여러 샘물이 동쪽 사면으로 흐르는 곳에 있다. 이곳에서 가장 아름다운 것은 굽이쳐 흐르는 샘물을 따라 설치된 잉카의 돌계단이다. 이곳은 의식을 지원하는 부속 시설이 자리했던 곳으로 보인다.

잉카의 심장은 뛰고 있다

콘도르 신전을 빠져나와 의식센터로 이어지는 가파른 계단길에 기댄 샘을 바라본다. 잉카 시대 물동이를 든 여인들이 계급에 맞게 각자 물을 길었을 것이다. 마추픽추 요새에는 잉카 시대의 골목과 추억과 역사와 신화가 조금도 빛바래지 않고 고스란히 남아있다. 길과 돌과 광장과 샘과 계단은 모두 자연 지형의 일부처럼 서로 긴밀하게 엮여 있다. 침묵하는 돌들의 이야기가 궁금해 도저히 발길을 돌릴 수 없다. 마추픽추에 조각처럼 박혀 있는 모든 건물에 대해 잉카 시대 용도를 알 수 있는 단서는 하나도 없다. 그저 짐작할 뿐이다. 사연을 머금은 돌 사이로 난 좁은 골목과 비탈길을 따라서 하염없이 걷는 것으로, 반들반들 윤이 나는 돌계단에서 옛 잉카인의 숨결을 느끼는 것으로 족하다.

마추픽추는 운 좋게 수세기 동안 건재했다. 2007년, 진도 8의 강진에도 마추픽추는 아무런 손상 없이 살아남았다. 남미 그 어디에도 마추픽추와 비교할 수 있는 유적지는 없다. 세상 어디에도 없는 고요. 천혜의 절벽과 하늘이 맞닿은 신비. 감동과 충격과 환희로 얼룩진 돌의 숲. 마추픽추는 시간을 지워버리게 만드는 공간이다. 오늘도 여전히 마추픽추의 개방 여부를 두고 논란이 일고 있다. 그러는 한편, 놀라운 영감을 선물하는 마추픽추로 향하는 루트가 날이 갈수록 늘어나고 있다. 마추픽추를 떠나는 순간에도 마음은 그곳을 끝없이 맴돌았다. 건축가로서 나는 평생 사진보다 더 아

상부 날개 부분을 아래쪽에서 바라본 모습.　　　　날개 부분에 설치된 사다리꼴 모양의 벽감.

름답고 감동적인 건축물을 보는 것이 소원
이었다. 주변과 완벽하게 조화를 이룬 기하
학적인 이 도시를 감상하는 것이 꿈이었다.
이끼 낀 화강석의 거친 질감 사이로 꼼꼼하
게 그어진 줄눈에 비명을 지르면서도 현장에
서 보면 다를 것이라고 생각했다.

재단으로 사용된 콘도르의 주둥이.
신전 바닥에 조각됐다.

　테라스 상부에서 하얀 야마가 물끄러미 마추픽추를 바라보는
전경에 넋을 잃으면서도 '사진이니까'라고 생각했다. 하지만 아니
었다. 이제 더 이상 걸을 수 없을 지경까지 걸었지만 아쉬움은 지
워지지 않는다. 떨어지지 않는 발걸음으로 버스에 올랐다. 버스는
지그재그 비탈길을 구불구불 내려간다. 버스가 모퉁이를 돌 때마
다 거침없이 달려와 관광객을 놀라게 했다는 빠른 발의 잉카 소년
은 지금은 사라지고 없지만, 그 열정만은 여전히 흐르고 있다. 잉
카 시대의 발 빠른 파발꾼 차스키, 쿠스코에서 에콰도르 키토까지
2,000km를 닷새 만에 달려갔다는 그들의 열정은 지금도 와이나픽
추 정상에서, 강 건너 푸투쿠시 정상에서 뛰고 있다.

　오후 6시 30분, 어둠을 뚫고 아과스칼리엔테 역에서 출발하는
마지막 기차에 몸을 실었다. 페루 레일의 안락한 의자는 대지의 여
신 파차마마의 품처럼 아늑했다. 페루 레일은 세 개의 등급으로 나
뉜다. 가장 고급은 하이럼 빙엄으로, 쿠스코에서 당일 왕복하는 이

들을 위한 기차다. 이 가운데 내가 탄 열차는 두 번째 등급으로 비스타돔이다. 아과스칼리엔테에서 오얀타이탐보까지 운행하는 열차로 배낭 여행자들이 많이 이용한다. 비스타돔의 천장은 유리로 돼 있지만 별빛은 가늘게 보일 뿐이다. 칠흑 같은 협곡을 가르며 기차는 잉카의 뱀처럼 달린다. 철로변 농가가 뿜어내는 작은 불빛이 차창에 어른거린다. 이곳의 산은 하나같이 수직으로 깎아지른 절벽을 품고 하늘로 날아오른다.

기차가 기적 소리를 길게 울리며 오얀타이탐보역으로 미끄러져 들어갔다. 아쉬움과 피곤함이 어두운 밤하늘을 짓누르는 시간에 버스를 탔다. 잃어버린 도시, 공중 도시, 비밀의 도시 마추픽추를 뒤로하고 안데스 골짜기를 덜컹거리며 달렸다. 쿠스코의 아르마스 광장에 도착하는 순간 잉카의 슬픈 신화가 화려한 조명 아래 부서져 내렸다.

1572년 9월, 잉카의 마지막 허수아비 왕이던 투팍 아마루1545~1572는 아르마스 광장에서 에스파냐 정복군의 칼 아래 놓였다. 그날 투팍 아마루의 누이 마리아 쿠시 우아르카이1531~1586가 울면서 소리친 말이 『잉카 최후의 날』에 이렇게 기록돼 있다.

"어디로 가는 것입니까? 나의 형제여, 왕의 아들이며 네 개의 부족을 지배하는 유일한 왕이여."

잔인하게 내리친 칼끝에 태양의 아들이, 잉카가 역사의 뒤안길로 사라졌다. 안데스를 호령하며 찬란한 문명을 꽃피웠던 제국의 역사는 그렇게 역사에서 지워졌지만, 지금도 유적은 그 아픈 시간을 견디고 있다.

안데스의 콘도르

마추픽추에 가슴이 저리는 이유는 바람과 빛과 그림자 진 돌조각만으로 잉카의 시간을 전시하기 때문이다. 위대한 건축물의 대부분은 과거를 어딘가에 새겨 놓았지만, 마추픽추만은 역사의 기록을 지워버린 돌의 집들로 남았다. 마추픽추는 모든 것을 보여주지만 아무것도 말하지 않는다.

마추픽추 앞에 서는 순간 지난 600년 동안 잠자던 잉카의 영혼이 일제히 깨어 일어나 돌꽃을 피우는 것 같았다. 돌과 돌이 만나 기하학적인 테라스를 만들고 그 위에 갖가지 기능과 모양으로 콘도르 형상을 빚어내고 있다. 눈부시게 아름다운 돌의 신전은 잉카 석공의 땀과 눈물과 피로 쌓아올린 기념비지만 지금은 그 마지막 감정의 조각조차 안데스의 바람에 지워져버리고 없다.

마추픽추가 아름다웠던 것은 시간을 지워버리고 텅 빈 돌집들이 하늘을 향해 팔을 벌린 채 바람과 구름과 별의 시간을 맞이하기 때문이다. 눈으로 놀랐다가 마음으로 시들어버리는 여느 유적과 마추픽추가 다른 점은 상상력을 녹여 잉카의 시간을 마중해서다.

마추픽추와의 이별이 아팠던 것은 그 아름다움 뒤에 감춰진 진실을 알 수 없어서다. 마추픽추에 내려앉은 안데스의 콘도르가 마음속에서 날개 짓을 멈추지 않았다. 지극히 아름다운 건축물에는 약간의 슬픔이 본능적으로 배어 있다. 땀과 눈물에 젖은 유적을 두고 맨몸으로 빠져나오는 것은 차라리 형벌이었다. 어제 막 시공한 것처럼 정밀하게 마감된 석벽, 화려한 세공 장식의 바로크 양식보다 더 정교하게 짜 맞춰진 돌의 요새를 바라보면 차돌을 손에 쥐고서 수없이 두들기며 다듬던 잉카 석공의 그 아픈 손길이 손에 잡힌다. 돌담에 지금도 잉카 석공과 건축가와 인부의 땀과 눈물 자국이 보이는 듯하다.

층층이 쌓인 테라스 사이에 자리한 돌담과 수로와 광장과 건물이 잉카의 침묵 속으로 이끌었다. 돌무더기, 돌계단, 돌 사이사이의 줄눈, 계단식 테라스에 잉카인의 손길이 남아 있고, 저마다 그들의 열정이 스며 있다. 미천한 건축가의 눈에도 그 자태가 아름다운 돌의 꽃으로 보였다. 건축가 누구의 작품이라는 표지판을 달

고 있지 않아서 잉카의 마추픽추가 눈물 나게 아름다웠다.

그 흔한 기록 하나, 부조 하나 없어서 더 치열하게 가슴 떨렸다. 이렇게 피비린내 나는 작품을 남겨놓고 낙관 하나 찍고 싶지 않는 건축가가 어디 있겠는가. 영웅호걸이 흔적조차 남기지 않고 사라진들 이보다 더 아쉬울 수가 있을까. 돌 다루는 기술로는 세상에서 가장 뛰어난 민족인 잉카인이 자신의 흔적 하나 남기지 않은 이유는 무엇일까. 마추픽추를 계획한 왕조차 자신의 흔적을 남기지 않았다. 왜 그랬을까. 잉카인은 자연이 모두 신의 영역이라고 믿은 것은 아닐까. 파르테논 신전을 지은 건축가는 아크로폴리스 위 돌 조각에 그 흔적을 새겨 놓았으나, 잉카의 건축가는 아무것도 남겨두지 않았다.

마추픽추가 신성하고 아름다운 이유는 그 어떤 흔적도 영혼의 작품 위에 남겨놓지 않았기 때문일지도 모른다. 경건한 마음으로 의식을 치르듯이 잉카인은 마추픽추를 하늘에 봉헌한 것이다. 신성한 제물에 제사장의 흔적을 남기는 경우는 없다. 제물이란 이미 하늘의 것이지 않은가. 자신의 치적을 드러내지 못해 안달하는 왕은 이미 신의 권능을 물려받은 자가 아니다.

마추픽추는 잉카인의 선물이 아니라 신성으로 빚은 천상의 궁전이다. 숭고한 그 형상을 빚기 위해 잉카인은 자신의 모든 열정을 쏟아 붓고는 경건한 마음으로 자신의 감정을 삼켜버렸다. 그리고 깃발처럼 안데스의 바람에 그저 흔들릴 뿐이다. 속세의 허물을 잡고 돈과 명예의 사다리를 오르기 위해 삶의 진실에 눈감아버린 나에게 마추픽추가 던지는 울림이었다.

마추픽추는 속도의 빠름도, 효율성도 저만치 비켜서서 인간이 자연에 남긴 숭고함과 위대함과 신성함의 기념비로 남았다. 그 나머지는 모두 먼지 같은 허물에 불과함을 마추픽추가 침묵으로 웅변한다. "역사는 진실의 어머니이며, 시간의 그림자이자 행위의 축적이다. 그리고 과거의 증인, 현재의 본보기이자 반영, 미래에 대한 예고"라는 세르반테스1547~1616의 말은 안데스의 주인으로 살아가기를 희망하는 안데스의 콘도르, 마추픽추를 두고 하는 말이었다.

피사로와 아타우알파

라틴아메리카에서 두 번에 걸쳐 문명 간의 충돌이 있었다. 처음은 코르테스와 아스텍 제국의 충돌이었고, 두 번째는 피사로와 잉카 제국의 충돌이었다. 1532년 가을 피사로가 이끄는 168명의 무장군인과 12명의 부속요원으로 이루어진 180명의 에스파냐 정복 군대가 페루 북부 안데스의 고원 도시 카하마르카로 향하고 있었다. 아타우알파가 이끄는 8만여명의 잉카 군대 역시 해발 2,750m의 카하마르카로 이동하고 있었다.

코르테스는 1519년 오늘날 멕시코시티당시 명칭 테노츠티틀란 남동쪽 90km 떨어진 푸에블라시티의 촐룰라에서 단 두 시간 만에 원주민 수천 여명을 살해하였으며, 1521년 마침내 아스텍 제국을 정복하였다. 더구나 코르테스와 피사로는 육촌지간으로 에스파냐의 가난한 산골 에스트레마두라를 고향으로 두고 서

아타우알파.
Atahualpa.
King of the Inca.
K-KK. 5/15.

로 64km 떨어진 마을에서 성장하였다. 피사로는 코르테스가 아스텍 제국을 정복한 사실을 훤히 알고 있었을 것이다.

잉카 제국의 왕, 아타우알파는 수만 여명의 병사를 거느리고 카하마르카에서 피사로 일행을 기다리고 있었다. 아타우알파는 제국의 왕위에 막 등극한 직후였다.

파차쿠텍의 손자인 와이나 카팍1450~1524. 아타우알파의 아버지이 키토를 중심으로 정복 전쟁을 마무리 짓고 있을 즈음 원인을 알 수 없는 전염병에 걸려 갑자기 죽고 말았다. 콜럼버스의 두 번째 원정 길에 선원 몇 명이 걸린 전염병이 바람처럼 중앙아메리카 대륙을 휩쓸고 잉카 제국을 덮친 것이다. 면역력이 전무했던 잉카인들은 바람 앞에 촛불처럼 쓰러졌다.

갑작스런 왕의 죽음으로 제왕의 자리를 두고 왕자의 난이 시작됐다. 아타우알파의 어머니가 왕족 직계 혈통이 아니었기에 왕의 자리는 직계 혈통인 이복 형 우아스카르1503~1532가 차지하였다. 쿠스코에서 왕위에 오른 우아스카르가 키토에 있는 아타우알파를 선제 공격하면서 4년간 왕자의 난이 지속됐다. 전쟁 경험이 없는 우아스카르와 그의 부하들은 전쟁에서 이골이 난 아타우알파와 그의 용맹한 두 장수 찰쿠치마?~1533와 키스키스?~1535의 적수가 되지 못했다. 4년 만에 우아스카르는 아타우알파의

FRANCISCO PIZARRO
Conqueror of Peru
K. M < 5/·5 피사로.

부하 장수인 키스키스의 포로가 되어 카하마르카로 끌려가고 있었다. 아타우알파가 막 잉카 제국의 권력을 잡은 순간에 피사로가 안데스 산맥에 나타난 것이다.

왕자의 난으로 제국은 두 조각으로 나뉘어 내부에서부터 곪아 갔으며 전염병의 창궐로 제국의 기틀이 뿌리 채 흔들리고 있었다. 그럼에도 피사로가 이끄는 180명의 에스파냐 정복 군대는 막 왕권을 차지한 아타우알파의 사기를 꺾기에는 역부족이었다. 180명의 에스파냐 군대와 8만 명의 잉카 군대는 비교하는 것은 수치상으로 무의미 할 정도였다.

『잉카 최후의 날』에 피사로와 아타우알파의 충돌 장면을 상세하게 묘사해놓았다. 소설의 묘사에 따르면 피사로는 1.8m 높이에 두께가 3m 정도의 담장으로 둘러쳐진 사방 180m의 광장에 있는, 3채의 건물 안에 잠입해 몸을 숨겼다. 잉카의 전형적인 돌벽을 두르고 지붕은 박공지붕에 말린 풀로 지붕을 씌운 태양 신전으로, 사다리꼴 출입구가 20개 정도 뚫려 있었다. 묘사된 건물의 모양은 흡사 초케키라우의 왕궁 좌우의 카얀카를 닮았다.

피사로의 유인책에 말려든 아타우알파의 가마가 사방 180m 돌벽으로 둘러싸인 광장으로 들어가는 순간 두 문명의 충돌을 우습게 끝이 나고 말았다. 작은 광장에 아타우알파를 수행하는 귀족들과 전사들이 들어가면서 광장은 일시에 사람들로 가득차고 말았다. 피사로가 미리 숨겨놓은 대포가 기습적으로 발사되고 말을 탄 기마병이 칼을 휘두르며 달려들자 잉카 군대는 돌벽에 갇혀 제대로 전투를 치르지도 못하고 에스파냐 군대의 대포와 칼날에 추풍낙엽처럼 쓰러지고 말았다. 더구나 잉카 군대는 왕의 가마를 보호하려다 전투다운 전투도 치르지 못하고 아타우알파는 생포되고 말았다. 두 시간도 채 지나지 않아 수천 여명의 잉카 군대가 도륙되고 잉카의 왕은 피로 얼룩진 튜닉 자락을 끌며 피사로 앞으로 끌려갔다. 카하마르카 전투는 아스텍 제국의 목테수마1486~1520 를 생포한 코르테스의 기습 전술을 그대로 따르고 있다.

정당한 싸움이 아니었다

많은 글에서 피사로와 아타우알파의 만남을 그리고 있지만, 1532년 11월 카하마르카의 전투는 정당하게 치러지지 않았다. 해발 2,750m 안데스의 고원에서 벌어진 혈투. 이곳에서 고작 168명의 에스파냐 병사가 8만이 넘는 아타우알파의 군대를 일시에 제압했다는 사실을 받아들이기 힘들다. 62명의 기마병과 106명의 보병만으로 2시간 만에 수천여명을 살해했다는 기록을 도저히 믿을 수 없다. 아무리 기마병이 위압적이고 대포가 파괴적이고 화승총이 효율적이었다고 해도 말이다. 전투 대열을 구성하고 서로 대치했다면 얼마든지 협공을 벌이며 불리하면 물러서서 새로운 편대를 형성하여 싸울 수 있었을 것이다. 더구나 잉카 군대는 정예의 병사들로 구성된 8만의 병사가 아니었든가.

소수의 백인들에게 두려움보다는 호기심을 느낀 아타우알파의 무모한 돌출 행동이 잉카 제국을 패망에 이르게 한 것이다. 아타우알파도 전령을 통해 피사로의 만행을 잘 알고 있었다. 피사로 역시 라틴아메리카에서 수십 년간 원주민과 싸움에 이골이 나 있었다. 가난한 돼지치기로 성장한 피사로에게 양심은 사치였으며, 국가를 위하는 사명감 따위는 없었다. 피사로는 어쩌면 정복자라기보다 황금을 갈취하기 위해 신대륙에 발을 디딘 약탈자였다. 이기는 것이 최상의 목적인 정복 군대였다.

피사로가 위험을 무릅쓰고 아타우알파를 생포할 수밖에 없었던 것은 제국을 일시에 무너뜨리기에는 상대가 너무 강했기 때문이다. 코르테스가 아스텍 제국의 황제를 생포해 황금을 갈취하고 기회를 엿보았듯이, 피사로 역시 왕을 사로잡아 황금을 몸값으로 받을 계산이었다. 그리고 모은 금들로 무기를 사고 병사를 확충하려는 꿍꿍이가 있었다. 동시에 적은 숫자의 에스파냐 병사로 잉카 제국을 무너뜨리기 위해서는 아타우알파를 조정하여 제국을 서서히 무너뜨리는 것이 효율적인 방법이라고 생각했다.

코르테스와 피사로의 전술이 비슷할 수밖에 없었던 것은 적은 수의 병사로 수많은 적군을 물리치기 위한 유일한 방법이었다. 적을 일시에 급습하여 왕을 생포하고 제국의 숨통을 서서히 조이는 것뿐이었다. 수십여 년 동안 라틴아메리카의 밀림에서 살아남은 피사로는 잉카 제국의 속을 꿰뚫어보고 있었을 것이다.

두 사람의 동상이몽

피사로는 아타우알파를 생포하였지만 적은 숫자의 병사로 안심하기에는 무리였다. 아타우알파를 조종하여 군대를 해산시키고 제국을 무너뜨릴 기회를 엿보며, 시간을 자기편으로 이끌기 위해 발버둥치고 있었다. 아타우알파 역시 어떻게든 목숨을 부지하면서 탈출할 수 있는 기회를 엿보며 시간을 자기편으로 이끌려했다. 두 사람은 돌벽으로 둘러싼 공간에서 생활하며 어떻게든 시간을 자신에게 유리한 국면으로 이끌기 위해 호시탐탐 기회를 엿보고 있었다. 동상이몽을 꾸던 두 사람의 이해관계가 맞아떨어진 공통 분모는 안타깝게도 황금이었다.

아타우알파는 피사로의 욕망을 채워주면서 시간을 벌기 위함이며, 피사로는 그 황금으로 무기를 보충하고 군대를 키워 잉카 제국을 무너뜨리기 위함이었다. 기록에는 아타우알파가 피사로에게 황금을 채워주기로 약속한 방의 크기가 가로 6.7m, 세로 5.2m, 높이 2.6m라고 쓰여있다. 아타우알파가 벽의 중간보다 훨씬 높은 지점까지 황금을 채워주겠다고 피사로에게 약속하였다.

황금에 사족을 못 쓰는 피사로에게 방안 가득 황금을 채워주면서 탈출할 시간을 벌 계산을 한 것이다. 피사로와 아타우알파는 황금으로 서로의 중립 지대를 마련했지만 다른 꿍꿍이를 품고 있었다. 피사로는 아타우알파를 생포하였지만 피사로 역시 잉카 군대에 포위돼 있었다. 둘 다 지금 이 순간은 공유하지만 미래는 결코 함께 할 수 없는 사이였다. 그러나 시간은 두 사람에게 다른 기울기로 흘러갔다. 황금을 모으면 모을수록 피사로의 기세는 올라가고, 아타우알파의 기세는 하루가 다르게 꺾였다. 시간이 흐를수록 잉카 제국의 민심은 피사로를 향했고, 아타우알파는 기회를 잃어갔다. 왕자의 난으로 아타우알파의 반대 세력들이 피사로를 지원하고 나섰기 때문이다.

쿠스코의 신전에 장식돼 있던 황금을 뜯어내고, 황금 신상을 훔쳐가는 것을 지켜보던 잉카인들의 마음은 정신적으로 살인에 가까웠을 것이다. 이상하게 생긴 에스파냐 병사들이 잉카 제국의 신전을 도륙하는 것을 두 손 놓고 지켜볼 수밖에 없었다. 한때는 왕과 제사장만이 드나들었던 신성한 공간에 하급 병사가 그것도 신전의 정신이나 다름없는 황금을 갈취하는 것은 있을 수 없는 일이었다. 잉카인에게 황금은 제국의 상징이었다.

전염병으로 속수무책 사람들이 죽어가는 상황에서 왕이 생포되고, 제국의 신전이 뜯겨나는 것을 목격한 백성들은 하늘이 노해서 천벌을 내린다고 믿었다. 잉카의 정신이 제국의 중심에서부터 서서히 죽어가고 있었다.

잉카 제국에서 황금은 대부분 왕궁이나 신전에 있었다. 황제는 태양신의 대리자였으므로 왕궁과 신전은 제국이 정신이었다. 태양신의 눈물인 황금이 뜯겨나가는 것은 단순히 물질로서의 금이 뜯겨나가는 것이 아니었다. 제국의 정신이었던 태양신의 죽음을 의미했다. 이는 잉카의 종말을 상징하는 것이나 마찬가지였다. 무정부 상태의 정치 불안과 전염병으로 사람들이 소리 소문 없이 죽어나가는 상황은 잉카 제국의 백성들에게 차라리 형벌이었을 것이다.

피사로는 왕궁과 신전에서 황금을 모두 뜯어내고서 마지막으로 아타우알파를 처형하고서 불태워버렸다. 잉카인들에게 화형은 이승과 저승에서조차 완벽하게 사라지는 것을 의미하였다. 잉카인들은 파나카라는 제도가 있어서 죽어서도 미이라가 되어 현생과 똑같이 살아간다고 믿었다. 이집트 파라오처럼 후세에 부활하는 개념이 아니었다. 삶과 죽음이 분리되는 것이 아니라 하나였다. 풍습을 누구보다 잘 알고 있었던 피사로는 아타우알파를 죽이고서 곧바로 화형 시켜버린 것이다. 이는 태양신의 아들인 사파 잉카가 다스리는 잉카 제국에서 태양신의 아들인 왕이 영원히 사라졌다는 것을 의미하였다. 아타우알파의 화형은 제국의 정신을 깨끗하게 지워버리는 것을 의미했다.

황금을 손에 넣은 피사로는 아타우알파의 반대 세력들을 규합하여 마침내 거대한 잉카 제국은 손아귀에 넣었다. 전염병으로 제국의 왕이 갑자기 죽으면서 발생한 왕자의 난으로 제국이 분열돼 서로 싸우다가 스스로 몰락의 길을 걸었다. 많은 상황이 잉카 제국에게 불리하게 돌아갔으나, 반대로 피사로에겐 모든 상황이 유리하게 흘러갔다. 전염병으로 사람들이 죽어가고 민심이 피사로에게 기울면서 피사로는 점점 더 많은 황금을 갈취하여 무기와 병사를 확충하고서 잉카 제국을 무너뜨린 것이다.

피사로는 페루 리마의 총독궁에 머무르며 아타우알파의 여동생 사이에 딸을 하나 두었다. 1535년부터 피사로는 리마를 건설하며 장밋빛 미래를 꿈꾸고 있었다. 그러나 운명은 피사로의 바람대로 흘러가지 않았다. 1541년 피사로는 리마에서 그의 동지였던 알마그로1475~1538의 부하들에 의해 피살됐다. 알마그로가 피사로의 동생 에르난도1504~1578에게 처형당했기 때문이다. 신세계에 온지 6년 만에 피사로와 두 형제는 피살되고, 마지막 남은 동생 에르난도 역시 살인죄로 에스파냐 감옥에서 20년 형을 살았다. 피사로와 그의 형제들은 잉카 제국을 유린한 죗값을 치른 것이다.

15세기에 불꽃처럼 일어나 에콰도르 키토에서 칠레 산티아고에 이르는 4,000여 km의 해안을 통째로 지배하던 잉카 제국은 전염병과 왕의 실수로 한 순간에 기울어지고 말았다. 안데스의 초신성으로 60년이란 짧은 기간에 작은 왕국에서 거대한 제국으로 변신했던 그 기개도, 단 한 번의 실수로 무너져 내렸다. 오늘날 페루라는 국명은 피사로가 직접 지은 이름이다.

TIP
1

한국에서 고산증 처방을 받아서 약을 갖고 가는 것이 좋다. 현지에도 고산증 약을 팔지만 사람에 따라서 부작용이 심하기 때문이다.

TIP
2

쿠스코에 도착하면 하루 쉬면서 시차와 고산증에 적응하기 위해 몸상태를 살펴봐야 한다. 일단 고지대에 어느 정도 적응됐다고 생각하면 쿠스코 시내 투어부터 한다. 몸을 천천히 적응시켜 나가는 과정이다.

TIP
3

쿠스코와 일대 유적지들의 해발 고도가 대부분 3,000m를 넘기 때문에 사람에 따라서 고산증 증세가 심하게 나타날 수 있으므로 여유 있게 여행 일정을 짠다.

TIP
4

미국을 경유하여 페루 리마로 갈 경우 비행기를 갈아타는 여유를 3시간 이상 가지는 게 좋다. 미국에서 입국 절차가 거의 2시간 넘게 걸리므로 때에 따라서는 공항에서 1박을 해야 하는 안타까운 사태가 발생한다.

TIP
5

초케키라우 트레킹에 참여하는 개인 여행자는 팀을 짜는 데 다소 시간이 걸릴 수 있다. 쿠스코에 도착하는 순간 여행사에 신청하고 그에 맞춰 일정을 조정하는 것이 좋다.

TIP 6

환전은 쿠스코 솔 거리의 몇 군데 환전상을 만나보고 결정할 것을 추천한다.

TIP 7

트레킹을 떠나기 전에 가이드와 짐꾼과 요리사의 팁을 미리 알아봐야 한다. 동행자들과 의견이 다르면 약속된 금액을 가이드에게 직접 주는 것이 낫다.

TIP 8

트레킹을 떠나기 전날 저녁에 가이드를 만나 몸 상태에 따라 배낭을 맡길 것인지를 결정한다. 침낭이 부실하면 두꺼운 침낭을 가이드에게 부탁하고 추가 비용을 지불할 것을 추천한다.

TIP 9

정통 잉카 트레킹은 6개월 전에 예약해야 한다. 다른 코스를 생각해서 여행 일정의 초반보다 중반 이후에 잡는 것을 추천한다.

TIP 10

초케키라우 트레킹과 정통 잉카 트레킹 사이에 하루나 이틀 쉬는 시간을 가지기를 추천한다. 건강한 사람이라도 3박4일 텐트에서 자고 거친 협곡을 오르내리고 나면 몸이 탈진한다.

TIP 11

와이나픽추 등반은 정통 잉카 트레킹과 하루 일정으로 예약하는 것이 일반적이다. 하지만 마추픽추를 제대로 즐기려면 와이나픽추 등정에 하루, 아과스 칼리엔테에서 하룻밤을 자고 다음날 마추픽추를 하루 종일 돌아볼 것을 권한다. 산세가 너무 험하고 가파르기 때문에 체력 소모가 크다.

지명 및 인명에는 에스파냐어, 케추아어, 영어 표기가 혼용돼 사용된다.

- 가르실라소 라 베가 Garcilaso de la Vega, 1503~1536
- 결코 끝나지 않는 길 Nunca Terminado
- 구아노 Guano

- 나스카 Nazca
- 나후아틀 Nāhuatl
- 뉴스타 궁전 Palace of Princess, Nusta's Bedroom
- 니초 Nicho

- 다니엘 알로미아 로블레스 Daniel Alomia Robles, 1871~1942
- 데스비오 아 카초라 Desvio a Cachora

- 라 콤파냐 데 헤수스 성당 Iglesia De La Compañia De Jesús
- 라바코야 Lavacolla
- 라이미 Raymi
- 레고시호 광장 Plaza de Regosijo

- 로사다 Rosada
- 롬바르디아 Lombardia
- 루쉰 魯迅, 1881~1936
- 룬크라카이 Runkurakay
- 리마 Lima
- 리마탐보 Limatambo

- 마드리드 Madrid
- 마라스 Maras
- 마람파타 Marampata
- 마르코스 사파타 Marcos Sapaca Inca, 1710~1773
- 마리아 앙골라 María Angola
- 마리아 쿠시 우아르카이 Maria Cusi Huarcay
- 마마 오클로 Mama Ocllo
- 마마차 Mamacha
- 마마코차 Mamacocha
- 마마키야 Mamaquilla
- 마스타바 Mastaba
- 마야 Maya
- 마추픽추 Machu Picchu
- 만도르 팜파 Mandor Pampa
- 망코 잉카 Manco Inca, 1515~1545
- 망코 카팍 Manco Cápac, Manqu Qhapaq
- 메스키타 Mezquita
- 메스티소 Mestizo
- 멕시코시티 Mexico City

- 모라이 Moray, Muray
- 모체 Moche
- 목테수마 Moctezuma/Montesuma, 1486~1520
- 무육 마르카 Muyuq Marka

- 베로니카 Veronica
- 볼라 Bola
- 볼리비아 Bolivia
- 브로카테아도 brocateado
- 비라코차 Viracocha
- 비르헨 데 로사리오 포마타   Virgen de Rosairo Pomata
- 비스타돔 Vistadome
- 빅토르 안글레스 Viktor Angeles
- 빌바오 구겐하임 미술관 Guggenheim Bilbao Museum
- 빌카밤바 Vilcabamba

- 사르티헤스 Eugène de Sartiges, 1809~1892
- 사약마르카 Sayacmarca
- 사우라시라이 Sahuasiray
- 사파 잉카 Sapa Inca
- 삭사이우아만 Sacsayhuamán
- 산 페드로 중앙시장 Mercado Central de San Pedro
- 산미겔 San Miguel
- 산타 카탈리나 Santa Catalina
- 산타 테레사 Santa teresa
- 산타로사 Santa Rosa
- 산토 도밍고 성당 Convento de Santo Domingo
- 산티아고 Santiago
- 산티아고 순례길 Camino de Santiago, the Way of St. James

- 안토니 가우디 이코르네트 Antoni Placid Gaudíi Cornet, 1852~1926
- 안토파가스타 Antofagasta
- 안티수유 Antisuyo, Anti Šuyu
- 알마그로 Diego de Almagro, 1475~1538
- 알코브 Alcove
- 알퐁소 도테 Alphonse Daudet, 1840~1897
- 야나마 Yanama
- 야난틴 Yanantin
- 야누스 Janus
- 야마 Llama
- 약타파타 Llactapata
- 어도비 Adobe
- 에르난도 Hernando Pizarro y de Vargas, 1504~1578
- 에스트레마두라 Extremadura
- 에스파냐 España
- 에콰도르 Ecuador
- 오로페사 Oropesa
- 오얀타이탐보 Ollantaytambo
- 옴팔로스 Omphalos
- 와나카우 Huanacaure, Wanakawri, Wayna qhari, Wanakauri
- 와르미와뉴스카 Warmiwanusca, Warmi Wañusqa
- 와리 Huari
- 와우 쿤투르 Yaw Kuntur, El Condor Pasa
- 와이나 카팍 Huayna Cápac, Guayana Capac, 1450~1524
- 와이나픽추 Huayna Picchu, Wayna Picchu
- 와이라나 Huayrana
- 와이야밤바 Wayllabamba, Huayllabamba
- 와카 Huaca, Waka, Wak'a
- 와카이위카 Huacay Huilcay
- 와타나이 Huatanay, Watanay
- 와타칼랴 Huatacalla
- 왕의 길 Qhapaq Ñan
- 요르단 Jordan
- 우루밤바 Urubamba
- 우린 Hurin

- 우스누 Usnu
- 우아라 Huara
- 우아스카르 Huáscar, 1503~1532
- 우안카로 Huancaro
- 우에르타와이코 Huertahuayco
- 우유니 Uyuni
- 위냐이와이나 Winay Wayna, Huiñay Huayna
- 위야흐 우마 Willaj Uma
- 유유차팜파 Llulluchapampa
- 이수쿠차카 Izucuchaca
- 인킬파타 Inquilpata
- 인티 Inti
- 인티라이미 Inti Raymi
- 인티우아타나 Intihuatana
- 인티칸차 Inticancha, Intikancha
- 인티파타 Intipata
- 인티푼쿠 Inti Punku
- 잉카 Inca

- 차르키 Charqui
- 차스키 Chasqui
- 차키코차 Chaquiqocha, Chaquicocha
- 찰쿠치마 Calcuchímac, ?~1533
- 창카족 Chanka, Chanca
- 체 게바라 Che Guevara, 1928~1967
- 초케키라우 Choquequirao
- 초케페다 Choquepata, Chuqipata
- 촐룰라 Cholula
- 추뇨 Chuño
- 추캄 Chucam
- 추쿠만 Córdoba del Tucumán
- 치리바야 Chiribaya

- 치차 Chicha
- 치체리아 Chicheria
- 치첸이트사 Chichen Itza
- 치키스카 Chiquiska
- 친차이수유 Chinchaysuyo, Chinchay Suyo
- 친체로 Chinchero
- 칠레 Chile
- 칠카 Chilca

- 카사사세르도탈 Casa Sacerdotal
- 카양카 Callanca
- 카초라 Cachora
- 카풀리욕 Capullyoc
- 카하마르카 Cajamarca
- 케추아어 Lenguas quechuas, Runa Simi
- 켄코 Q'enqo, Qenko, Kenko, Quenco
- 켄테 Qente, Q'ente
- 코라손 Corazón
- 코르도바 Córdoba
- 코르테스 Hernán Cortés, 1485~1547
- 코리와이라치나 Qorihuayrachina, Quriwayrachina
- 코리칸차 Coricancha, Qorikancha, Quri Kancha
- 코메르코차 Q'omercocha
- 코야수유 Qullasuyu, Collasuyo, Qulla suyu
- 코카 Coca
- 콘도르 Condor
- 콘차마르카 Qonchamarca, Qunchamarka
- 콘티수유 Contisuyo, Kunti Suyu
- 콜카 Colca
- 쿠라와시 Curahuasi
- 쿠스케냐 Cusquena
- 쿠스코 Cusco, Cuzco

- 쿠스코 대성당 Cusco Cathedral, Catedral del Cuzco
- 쿠시차카 Cosichaca, Cusichaca
- 쿠이 Cuy
- 키스키스 Quizquiz, ?~1535
- 키토 Quito
- 키푸 Quipu, Khipu
- 킴 매쿼리 Kim MacQuarrie

- 타호 Tajo
- 탐보 Tambo
- 탐보마차이 Tambomachay
- 테페약 언덕 Cerro del Tepeyac
- 토코리 Tocori
- 톨레도 Toledo
- 투유마요 Tullumayo, Tullumayo
- 투팍 아마루 Túpac Amaru, 1545~1572
- 투팍 유판키 Túpac Inca Yupanqui, 1441~1493
- 트레스피에드라스 Tres Piedras
- 트루히요 Trujillo
- 트리운포 Triunfo
- 티와나쿠 Tiwanaku, Tiahuanaco
- 티티카카 호수 El lago Titicaca, Titiqaqa Qucha
- 티폰 Tipón

- 파나카 Panacas
- 파르테논 Parthenon
- 파블로 네루다 Pablo Neruda, 1904~1973
- 파에야 Paella
- 파차마마 Pachamama

- 파차쿠텍 Pachacútec, Pachacuti Inca Yupanqui, Pacha Kutiy Inqa Yupanki, 1418~1471
- 파카이마유 Pacamayo, Pakaymayu
- 파티오 Patio
- 페드로 산체스 데 라 오스 Pedro Sánchez de la Hoz, 1514~1547
- 페디먼트 Pediment
- 페르난도 3세 Fernando III, 1199~1252
- 페트라 유적지 Petra
- 펠리노 신상 Feline Figure
- 포로이 Poroy
- 포마타 Pomata
- 폴 페호스 Paul Fejos, 1897~1963
- 푸노 Puno
- 푸막추판 Pumaqchupan
- 푸에블라 Puebla
- 푸유파타마르카 Phuyupatamarca, Phuyupatamarka
- 푸카 Puka
- 푸카라 Pukara
- 푸카푸카라 Puka Pukara
- 푸투쿠시 Putukusi, Phutuq Kusi, Phutuq Kʼusi
- 푸투투 Pututu
- 푼차오 Punchao
- 풀피트유흐 Pulpityuj
- 프레콜롬비아노 박물관 Museo de Arte Precolombino
- 플라야 로살리나 Playa Rosalina
- 피르카 Pirca
- 피사로 Francisco Pizarro González, 1478~1541
- 피삭 Písac, Pisag, Pisaq
- 피스카쿠초 Piscacucho
- 피에르 상소 Pierre Sansot, 1928~2005
- 피키약타 Pikillaqta
- 피키와시 Piquihuasi
- 피터 프로스트 Peter Frost

ㅎ

- 하이럼 빙엄 Hiram Bingham, 1875~1956
- 호세 미겔 엘페르 아르구에다스 JoséMiguel Helfer Arguedas
- 훌리오 C. 텔로 Julio C. Tello, 1880~1947
- 후안 디에고 Saint Juan Diego Cuauhtlatoatzin, 1474~1548

참고문헌

단행본

- 내셔널지오그래픽, 서영조 옮김, 『세계여행사전』, 터치아트, 2015.
- 로베르토 볼라뇨, 우석균 옮김, 『칠레의 밤』, 열린책들, 2010.
- 루쉰, 김시준 옮김, 『고향』, 을유문화사, 2008.
- 박민우, 『1만 시간 동안의 남미』, 플럼북스, 2007.
- 박재영, 『남미, 나를 만나기 위해 너에게로 갔다』, 황소자리, 2012.
- 손호철, 『마추픽추 정상에서 라틴아메리카를 보다』, 이매진, 2007.
- 오소희, 『오소희 남미 여행 에세이 세트』, 북하우스, 2013.
- 전혜진·김준현, 『핵심 중남미 100배 즐기기』, 알에이치코리아, 2013.
- 최명호, 『신화에서 역사로, 라틴아메리카』, 이른 아침, 2010.
- 카에망 베르낭, 장동현 옮김, 『잉카, 태양신의 후예들』, 시공사, 1999.
- 킴 매쿼리, 최유나 옮김, 『잉카 최후의 날』, 옥당, 2007.
- 파블로 네루다, 정현종 옮김, 『네루다 시선』, 민음사, 2007.
- 『스무 편의 사랑의 시와 한편의 절망의 노래』, 민음사, 2007.
- 피에르 쌍소, 『느리게 산다는 것의 의미』, 동문선, 2000.
- 트린 주안 투안, 이재형 옮김, 『마우나케아의 어떤 밤』, 파우제, 2018.
- 체 게바라, 『먼 저편』, 문화산책, 2002.
- 한동엽, 『세상 끝에서 만난 잉카의 태양 페루』, 위즈덤, 2009.
- S MAGAZINE 제382호, 중앙 SUNDAY, 2014.
- Andrés Cordero and Alejandra mitrani, 『Pachamama』, Asociación Pukllasunchis, 2008.
- Henrique Urbano, 『ALL MACHU PICCHU』, Editorial Escudo de Oro, S.A., 2005.
- Josémiguel Helfer Arguedas, 『DISCOVERING MACHU PICCHU』, Editiones del Hipocampo S.A.C. 2004.
- Kenneth R. Wright 『Machu Picchu: A Civil Engineering marvel』, Edelsoft, ISBN-10.
- 『Historic Sanctuary of Machu Picchu』, UNESCO World Heritage Centre, Retrieved, 2012. 05. 06.
- 『Llegada de visitantes al Santuario Histórico de Machu Picchu』, Observatorio Turistico Del Peru, 22 march 2012.

웹사이트

- 「Coricancha」, Wikipedia, La enciclopedia libre.
- 「Inti Raymi」, Wikipedia, La enciclopedia libre.
- 「Machu Picchu」, Wikipedia, La enciclopedia libre.
- 「Moray」, Wikipedia, La enciclopedia libre.
- 「Pikillacta」, Wikipedia, La enciclopedia libre.

영상

- 〈잃어버린 도시 마추픽추〉, 디스커버리, 2007.
- 〈안데스의 마지막 후예를 찾아서〉, EBS 다큐프라임, 2009.
- 〈잉카 제국의 마추픽추〉, 내셔널지오그래픽, 2010.
- 〈은둔의 땅, 무스탕 1,2부〉, KBS 1TV 수요기획, 2014.
- 〈나스카 라인 미스터리〉, 내셔널지오그래픽, 2018.

안녕, 잉카

상상과 호기심의 미래 도시, 마추픽추를 걷다

1판 1쇄 인쇄 | 2020년 5월 25일
1판 1쇄 발행 | 2020년 6월 5일

지은이 김희곤

펴낸이 송영만
디자인 자문 최웅림
편집 송형근 김미란

펴낸곳 효형출판
출판등록 1994년 9월 16일 제406-2003-031호
주소 10881 경기도 파주시 회동길 125-11(파주출판도시)
이메일 editor@hyohyung.co.kr
홈페이지 www.hyohyung.co.kr
전화 031 955 7600 | **팩스** 031 955 7610

ⓒ 김희곤, 2020
ISBN 978-89-5872-170-3 03540

값 16,500원

이 도서의 국립중앙도서관 출판예정도서목록(CIP)은 서지정보유통지원시스템 홈페이지
(http://seoji.nl.go.kr)와 국가자료공동목록시스템(http://www.nl.go.kr/kolisnet)에서
이용하실 수 있습니다.(CIP제어번호: CIP2020020887)